高 等 学 校 教 材

"十三五"江苏省高等学校重点教材

（编号：2016-1-106）

机械原理MATLAB

辅助分析

（第二版）

◎ 李滨城　徐 超　编著

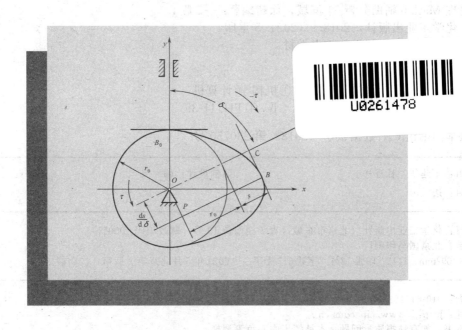

化学工业出版社

·北京·

《机械原理 MATLAB 辅助分析》（第二版）是"十三五"江苏省高等学校重点教材，书中介绍了数学软件 MATLAB 辅助机械原理分析的方法。运用解析法，通过建立数学模型，对机构与机器进行精确的分析与综合，是机械原理学科发展的重要方向。全书分为八章，分别应用 MATLAB 进行了平面连杆机构的运动分析、平面连杆机构的力分析、连杆机构设计、凸轮机构设计、齿轮机构设计、机械的运转及其速度波动的调节、机构优化设计和工程应用分析案例等，其中前七个专题内容通过数学模型的建立、计算实例的介绍、MATLAB 程序的编制，深入浅出地介绍了 MATLAB 在机械原理中的应用，最后一个专题内容通过四个工程案例介绍了 MATLAB 在机械系统设计与分析中的应用。书中大量的程序实例不但实用，更包含作者多年在机械原理教学中使用 MATLAB 的经验，一些程序、图形和动画可以通过扫描二维码下载或观看。

　　《机械原理 MATLAB 辅助分析》（第二版）既可作为高等学校机械类专业选修课的教材，也可作为学习机械原理和机械原理课程设计的参考书。

图书在版编目（CIP）数据

机械原理 Matlab 辅助分析/李滨城，徐超编著. —2 版.
—北京：化学工业出版社，2018.9（2021.5 重印）
"十三五"江苏省高等学校重点教材
ISBN 978-7-122-33144-1

Ⅰ.①机… Ⅱ.①李…②徐… Ⅲ.①机构学-计算机
辅助分析-Matlab 软件-高等学校-教材 Ⅳ.①TH111-39

中国版本图书馆 CIP 数据核字（2018）第 230750 号

责任编辑：丁建华　杜进祥　　　　　　　装帧设计：韩　飞
责任校对：边　涛

出版发行：化学工业出版社（北京市东城区青年湖南街 13 号　邮政编码 100011）
印　　装：北京国马印刷厂
787mm×1092mm　1/16　印张 12¾　字数 317 千字　　2021 年 5 月北京第 2 版第 3 次印刷

购书咨询：010-64518888　　售后服务：010-64518899
网　　址：http://www.cip.com.cn
凡购买本书，如有缺损质量问题，本社销售中心负责调换。

定　价：36.00 元

  "机械原理"课程是机械类专业必修的一门核心主干技术基础课程，该课程的教学质量是关系到机械类学生能否成为创新人才的重要条件之一，也是各高校机械类专业提高本科教学质量的关键指标。现今，计算机辅助设计在机械原理学科中得到了广泛的应用。为了在教学中培养学生利用计算机先进软件解决实际问题的思维方法和动手能力，我们从 2007 年开始尝试在机械原理教学中应用 MATLAB 软件辅助机械原理分析与综合，已执行至今。在多年教学改革实践的基础上，编写了《机械原理 MATLAB 辅助分析》（第一版），2011 年出版。随着信息技术的高速发展，我们开始了探索数字与信息环境下，如何全面引入数字技术，把数字资源、计算机辅助分析技术与教学内容密切结合，探索数字与信息环境下的教学手段与教学模式的改革，取得了良好的教学效果，积累了丰富的课程数字资源，包括程序、图像和动画等，将数字化资源与传统纸质教材结合并一体化设计，极大地丰富了知识的呈现形式，拓展了原有的教材内容，在提高课程教学效果的同时，为学生学习提供了更加广阔的思维与探索的空间。

  此次修订是在本书第一版的基础上，希望更加注重学科传统内容、现代信息技术和先进教学模式的融合，将教学内容和教学活动有机地结合起来，重点从以下两个方面进行了修订。

  在内容上，新增"工程应用分析案例——机械系统设计与分析"一章，目的是强化学生借助于信息技术、综合应用机械原理知识解决工程实际问题的能力，启迪创新思维，培养工程意识，丰富工程认知，为创新实践能力的提高打下良好的基础。

  在出版形式上，通过增加基于移动终端和互联网的多媒体数字资源，使之成为集文字、程序、图像、动画为一体的多媒体教材，形成一套传统教学内容和现代化教学手段相结合的新形态教材。这些数字资源在修订版书中以二维码的形式出现（本书配套程序的二维码列在本页，图像、动画二维码位于正文相应位置），扫描后即可下载或观看，以方便学生随时随地使用移动设备进行学习，突破时空、地域的限制。我们相信这套新形态教材无论对配合教师的教学，还是为学生提供基于网络拓展的学习，都将会提供方便，从而极大地提高教、学两方面的效率以及人才的培养质量。

  江苏科技大学有关领导和兄弟院校机械原理学科组的教师对本书的修订给予了热情的帮助和支持，在此谨致深切的谢意。

  由于编者水平有限，书中定有不妥之处，恳请读者批评指正。

编者

2018 年 9 月

本书配套程序下载

第一版前言

现今，计算机辅助设计在机械原理学科中得到了广泛的应用。为了在教学中培养学生利用计算机先进软件解决实际问题的思维方法和动手能力，我们从 2007 年开始尝试在机械原理教学中应用 MATLAB 辅助机械原理分析与综合，在多年教学改革实践的基础上，编写了这本《机械原理 MATLAB 辅助分析》。

本书运用科学与工程计算语言 MATLAB 进行编程计算，它是一种数值计算的优秀工具，易学易用，一般学生只要经过 10 多个小时的练习就能够用它完成所需要的计算。

本书在内容编写上首先是应用解析法建立分析或综合的数学模型，然后通过具体的计算实例来说明数学模型的使用方法，接着用 MATLAB 进行编程计算。书中所附程序全部在计算机上调试通过，有些实例还根据运算结果绘制出了相应的分析曲线图和设计仿真图。其目的一方面可加深学生对课程内容的理解，提高分析问题和解决问题的能力；另一方面，意在培养学生独立编程能力，掌握 MATLAB 编程方法和技巧。

在编写本书过程中，编者参考了高等院校理工科机械类专业机械原理课程的现行教学大纲，也参照了兄弟院校编写的《机械原理》有关教材。

江苏科技大学有关领导和机械原理学科组对本书的编写和出版给予了热情的帮助和支持，在此谨致深切的谢意。

由于编者水平有限，加之编写仓促，书中定有不妥之处，恳请读者批评指正。

编者

2010 年 10 月

目 录

第一章 平面连杆机构的运动分析

第一节 平面连杆机构运动分析概述

机构的运动分析，就是按照已知的起始构件运动规律来确定机构中其他构件的运动。它的具体任务：一是求构件的位置；二是求构件的速度；三是求构件的加速度。

一、数学模型的建立

平面连杆机构属闭环机构，在用解析法进行机构运动分析时，采用封闭矢量多边形法求解较为简便。首先建立机构封闭矢量方程式，然后对时间求一阶导数得到速度方程，对时间求二阶导数得到加速度方程。

二、程序设计

每个平面连杆机构运动分析 MATLAB 程序都由主程序和子函数两部分组成，其程序设计流程如图 1-1 所示。

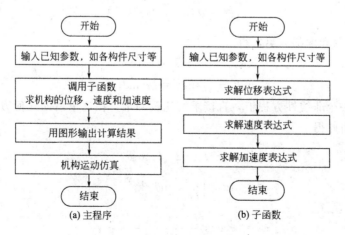

图 1-1 平面连杆机构运动分析程序设计流程

子函数的任务是求机构在某一位置时，各构件的位移、速度和加速度；主程序的任务是求机构在一个工作循环内各构件的位移、速度和加速度的变化规律，并用线图表示出来，同时进行机构运动仿真。

第二节 铰链四杆机构的运动分析

在图 1-2 所示的铰链四杆机构中，已知各构件的尺寸及原动件 1 的方位角 θ_1 和匀角速度 ω_1，需对其位置、速度和加速度进行分析。

一、数学模型的建立

为了对机构进行运动分析，先如图 1-2 建立直角坐标系，并将各构件表示为杆矢，为了

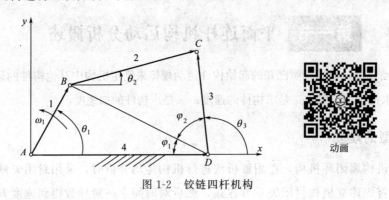

图 1-2　铰链四杆机构

求解方便，将各杆矢用指数形式的复数表示。

1. 位置分析

如图 1-2 所示，由封闭图形 $ABCDA$ 可写出机构各杆矢所构成的封闭矢量方程

$$\vec{l_1}+\vec{l_2}=\vec{l_3}+\vec{l_4} \tag{1-1}$$

其复数形式表示为

$$l_1 e^{i\theta_1}+l_2 e^{i\theta_2}=l_3 e^{i\theta_3}+l_4 \tag{1-2}$$

将式（1-2）的实部和虚部分离，得

$$\left.\begin{array}{l} l_1\cos\theta_1+l_2\cos\theta_2=l_3\cos\theta_3+l_4 \\ l_1\sin\theta_1+l_2\sin\theta_2=l_3\sin\theta_3 \end{array}\right\} \tag{1-3}$$

由于式(1-3)是一个非线性方程组，直接求解比较困难，在这里借助几何方法进行求解，在图中连接 BD，由此得

$$\left.\begin{array}{l} l_{BD}^2=l_1^2+l_4^2-2l_1 l_4\cos\theta_1 \\ \varphi_1=\arcsin\left(\dfrac{l_1}{l_{BD}}\sin\theta_1\right) \\ \varphi_2=\arccos\left(\dfrac{l_{BD}^2+l_3^2-l_2^2}{2l_{BD}l_3}\right) \\ \theta_3=\pi-\varphi_1-\varphi_2 \\ \theta_2=\arcsin\left(\dfrac{l_3\sin\theta_3-l_1\sin\theta_1}{l_2}\right) \end{array}\right\} \tag{1-4}$$

2. 速度分析

将式(1-2) 对时间 t 求一次导数，得速度关系

$$l_1 \omega_1 e^{i\theta_1} + l_2 \omega_2 e^{i\theta_2} = l_3 \omega_3 e^{i\theta_3} \tag{1-5}$$

将式 (1-5) 的实部和虚部分离，得

$$\left. \begin{array}{l} l_1 \omega_1 \cos\theta_1 + l_2 \omega_2 \cos\theta_2 = l_3 \omega_3 \cos\theta_3 \\ l_1 \omega_1 \sin\theta_1 + l_2 \omega_2 \sin\theta_2 = l_3 \omega_3 \sin\theta_3 \end{array} \right\} \tag{1-6}$$

若用矩阵形式来表示，则式 (1-6) 可写为

$$\begin{bmatrix} -l_2 \sin\theta_2 & l_3 \sin\theta_3 \\ l_2 \cos\theta_2 & -l_3 \cos\theta_3 \end{bmatrix} \begin{bmatrix} \omega_2 \\ \omega_3 \end{bmatrix} = \omega_1 \begin{bmatrix} l_1 \sin\theta_1 \\ -l_1 \cos\theta_1 \end{bmatrix} \tag{1-7}$$

解式 (1-7) 即可求得两个角速度 ω_2、ω_3。

3. 加速度分析

将式(1-2) 对时间 t 求二次导数，可得加速度关系表达式

$$\begin{bmatrix} -l_2 \sin\theta_2 & l_3 \sin\theta_3 \\ l_2 \cos\theta_2 & -l_3 \cos\theta_3 \end{bmatrix} \begin{bmatrix} \alpha_2 \\ \alpha_3 \end{bmatrix} + \begin{bmatrix} -\omega_2 l_2 \cos\theta_2 & \omega_3 l_3 \cos\theta_3 \\ -\omega_2 l_2 \sin\theta_2 & \omega_3 l_3 \sin\theta_3 \end{bmatrix} \begin{bmatrix} \omega_2 \\ \omega_3 \end{bmatrix} = \omega_1 \begin{bmatrix} \omega_1 l_1 \cos\theta_1 \\ \omega_1 l_1 \sin\theta_1 \end{bmatrix} \tag{1-8}$$

解式 (1-6) 即可求得两个角加速度 α_2、α_3。

二、计算实例

【例 1-1】 如图 1-2 所示，已知铰链四杆机构各构件的尺寸为：$l_1 = 101.6 \text{mm}$，$l_2 = 254 \text{mm}$，$l_3 = 177.8 \text{mm}$，$l_4 = 304.8 \text{mm}$，原动件 1 以匀角速度 $\omega_1 = 250 \text{rad/s}$ 逆时针转动，计算构件 2 和构件 3 的角位移、角速度及角加速度，并绘制出运动线图。

三、程序设计

铰链四杆机构 MATLAB 程序由主程序 crank_rocker_main 和子函数 crank_rocker 两部分组成。

1. 主程序 crank_rocker_main 文件

```
* * * * * * * * * * * * * * * * * * * * * * * * * * * * * * * * * * * * * * * * * * * * *
%1. 输入已知数据
clear;
l1=101.6; l2=254; l3=177.8; l4=304.8;
omega1=250;
alpha1=0;
hd=pi/180; du=180/pi;

%2. 调用子函数 crank_rocker 计算铰链四杆机构位移,角速度,角加速度
for n1=1:361
  theta1=(n1-1)*hd;
  [theta,omega,alpha]=crank_rocker(theta1,omega1,alpha1,l1,l2,l3,l4);
  theta2(n1)=theta(1);theta3(n1)=theta(2);
  omega2(n1)=omega(1);omega3(n1)=omega(2);
  alpha2(n1)=alpha(1);alpha3(n1)=alpha(2);
```

```
end

%3. 角位移、角速度、角加速度和四杆机构图形输出
figure(1);
n1=1:361;
subplot(2,2,1);        % 绘位移线图
plot(n1,theta2 * du,n1,theta3 * du,'k');
title('角位移线图');
xlabel('曲柄转角 \ theta _ 1/ \ circ')
ylabel('角位移/ \ circ')
grid on; hold on;
text(140,170,' \ theta _ 3')
text(140,30,' \ theta _ 2')


subplot(2,2,2);        % 绘角速度线图
plot(n1,omega2,n1,omega3,'k')
title('角速度线图');
xlabel('曲柄转角 \ theta _ 1/ \ circ')
ylabel('角速度/rad \ cdots^ {-1}')
grid on;hold on;
text(250,130,' \ omega _ 2')
text(130,165,' \ omega _ 3')


subplot(2,2,3);        % 绘角加速度线图
plot(n1,alpha2,n1,alpha3,'k')
title('角加速度线图');
xlabel('曲柄转角 \ theta _ 1/ \ circ')
ylabel('角加速度/rad \ cdots^ {-2}')
grid on;hold on;
text(230,2e4,' \ alpha _ 2')
text(30,7e4,' \ alpha _ 3')


subplot(2,2,4);        % 铰链四杆机构图形输出
x(1)=0;
y(1)=0;
x(2)=l1 * cos(70 * hd);
y(2)=l1 * sin(70 * hd);
x(3)=l4 + l3 * cos(theta3(71));
y(3)=l3 * sin(theta3(71));
x(4)=l4;
y(4)=0;
x(5)=0;
y(5)=0;
plot(x,y);
```

```
grid on;hold on;
plot(x(1),y(1),'o');
plot(x(2),y(2),'o');
plot(x(3),y(3),'o');
plot(x(4),y(4),'o');
title('铰链四杆机构');
xlabel('mm')
ylabel('mm')
axis([-50 350 -20 200]);%
```

%4.铰链四杆机构运动仿真
```
figure(2)
m=moviein(20);
j=0;
for n1=1:5:360
    j=j+1;
    clf;
    x(1)=0;
    y(1)=0;
    x(2)=l1*cos((n1-1)*hd);
    y(2)=l1*sin((n1-1)*hd);
    x(3)=l4+l3*cos(theta3(n1));
    y(3)=l3*sin(theta3(n1));
    x(4)=l4;
    y(4)=0;
    x(5)=0;
    y(5)=0;
    plot(x,y);
    grid on;hold on;
    plot(x(1),y(1),'o');
    plot(x(2),y(2),'o');
    plot(x(3),y(3),'o');
    plot(x(4),y(4),'o');
    axis([-150 350 -150 200]);
    title('铰链四杆机构');xlabel('mm');ylabel('mm')
    m(j)=getframe;
end
movie(m);
```

2. 子函数 crank_rocker 文件
* *
```
function [theta,omega,alpha]=crank_rocker(theta1,omega1,alpha1,l1,l2,l3,l4)
%1.计算从动件的角位移
L=sqrt(l4*l4+l1*l1-2*l1*l4*cos(theta1));
phi=asin((l1./L)*sin(theta1));
beta=acos((-l2*l2+l3*l3+L*L)/(2*l3*L));
if beta<0
    beta=beta+pi;
```

```
end
theta3＝pi-phi-beta;                                % theta3 表示杆 3 转过角度
theta2＝asin((l3 * sin(theta3) - l1 * sin(theta1))/l2);   % theta2 表示杆 2 转过角度
theta＝[theta2;theta3]
```

```
％2. 计算从动件的角速度
A＝[- l2 * sin(theta2), l3 * sin(theta3);           % 机构从动件的位置参数矩阵
    l2 * cos(theta2), - l3 * cos(theta3)];
B＝[l1 * sin(theta1); - l1 * cos(theta1)];           % 机构原动件的位置参数列阵
omega＝A \ (omega1 * B);                             % 机构从动件的速度列阵
omega2＝omega(1); omega3＝omega(2);
```

```
％3. 计算从动件的角加速度
A＝[- l2 * sin(theta2),    l3 * sin(theta3);
    l2 * cos(theta2), - l3 * cos(theta3)];
At＝[- omega2 * l2 * cos(theta2), omega3 * l3 * cos(theta3);
    - omega2 * l2 * sin(theta2), omega3 * l3 * sin(theta3)];
B＝[l1 * sin(theta1); - l1 * cos(theta1)];           % 机构原动件的位置参数列阵
Bt＝[omega1 * l1 * cos(theta1); omega1 * l1 * sin(theta1)];   % Bt＝dB/dt
alpha＝A \ (- At * omega + alpha1 * B + omega1 * Bt);   % 机构从动件的加速度列阵
```

* *

四、运算结果

图 1-3 为铰链四杆机构的运动线图和机构运动仿真图。

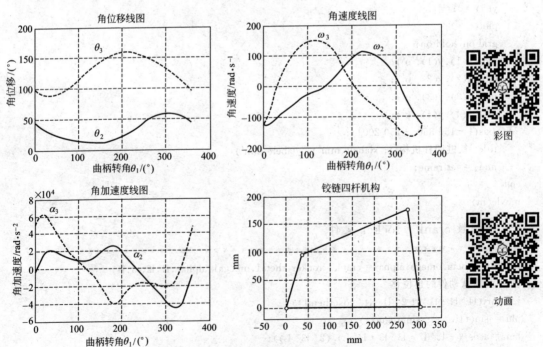

图 1-3   铰链四杆机构运动线图和机构运动仿真图

第三节 曲柄滑块机构的运动分析

在图 1-4 所示的曲柄滑块机构中，已知各构件的尺寸及原动件 1 的方位角 θ_1 和匀角速度 ω_1，需对其位置、速度和加速度进行分析。

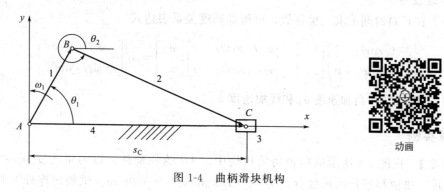

图 1-4 曲柄滑块机构

一、数学模型的建立

为了对机构进行运动分析，先如图 1-4 建立直角坐标系，将各构件表示为杆矢，并将各杆矢用指数形式的复数表示。

1. 位置分析

如图 1-4 所示，由封闭图形 $ABCA$ 可写出机构各杆矢所构成的封闭矢量方程

$$\vec{l}_1 + \vec{l}_2 = \vec{s}_C \tag{1-9}$$

其复数形式表示为

$$l_1 e^{i\theta_1} + l_2 e^{i\theta_2} = s_C \tag{1-10}$$

将式（1-10）的实部和虚部分离，得

$$\left. \begin{array}{l} l_1 \cos\theta_1 + l_2 \cos\theta_2 = s_C \\ l_1 \sin\theta_1 + l_2 \sin\theta_2 = 0 \end{array} \right\} \tag{1-11}$$

由式（1-11）得

$$\left. \begin{array}{l} \theta_2 = \arcsin\left(\dfrac{-l_1 \sin\theta_1}{l_2} \right) \\ s_C = l_1 \cos\theta_1 + l_2 \cos\theta_2 \end{array} \right\} \tag{1-12}$$

2. 速度分析

将式（1-10）对时间 t 求一次导数，得速度关系

$$i l_1 \omega_1 e^{i\theta_1} + i l_2 \omega_2 e^{i\theta_2} = v_C \tag{1-13}$$

将式（1-13）的实部和虚部分离，得

$$\left. \begin{array}{l} l_1 \omega_1 \cos\theta_1 + l_2 \omega_2 \cos\theta_2 = 0 \\ -l_1 \omega_1 \sin\theta_1 - l_2 \omega_2 \sin\theta_2 = v_C \end{array} \right\} \tag{1-14}$$

若用矩阵形式来表示，则式（1-14）可写为

$$\begin{bmatrix} l_2\sin\theta_2 & 1 \\ -l_2\cos\theta_2 & 0 \end{bmatrix}\begin{bmatrix} \omega_2 \\ v_C \end{bmatrix}=\omega_1\begin{bmatrix} -l_1\sin\theta_1 \\ l_1\cos\theta_1 \end{bmatrix} \tag{1-15}$$

解式（1-15）即可求得角速度 ω_2 和线速度 v_C。

3. 加速度分析

将式(1-10)对时间 t 求二次导数，可得加速度关系表达式

$$\begin{bmatrix} l_2\sin\theta_2 & 1 \\ -l_2\cos\theta_2 & 0 \end{bmatrix}\begin{bmatrix} \alpha_2 \\ a_C \end{bmatrix}+\begin{bmatrix} \omega_2 l_2\cos\theta_2 & 0 \\ \omega_2 l_2\sin\theta_2 & 0 \end{bmatrix}\begin{bmatrix} \omega_2 \\ v_C \end{bmatrix}=\omega_1\begin{bmatrix} -\omega_1 l_1\cos\theta_1 \\ -\omega_1 l_1\sin\theta_1 \end{bmatrix} \tag{1-16}$$

解式（1-16）即可求得角加速度 α_2 和线加速度 a_C。

二、计算实例

【例 1-2】 在图 1-4 所示的曲柄滑块机构中，AB 为原动件，以匀角速度 $\omega_1=10\text{rad/s}$ 逆时针旋转，曲柄和连杆的长度分别为 $l_1=100\text{mm}$，$l_2=300\text{mm}$。试确定连杆 2 和滑块 3 的位移、速度和加速度，并绘制出运动线图。

三、程序设计

曲柄滑块机构 MATLAB 程序由主程序 slider_crank_main 和子函数 slider_crank 两部分组成。

1. 主程序 slider_crank_main 文件

```
*********************************************************
%1. 输入已知数据
clear;
l1=100;
l2=300;
e=0;
hd=pi/180;
du=180/pi;
omega1=10;
alpha1=0;

%2. 调用子函数 slider_crank 计算曲柄滑块机构位移,速度,加速度
for n1=1:720
    theta1(n1)=(n1 - 1)*hd;
[theta2(n1),s3(n1),omega2(n1),v3(n1),alpha2(n1),a3(n1)]=slider_crank(theta1(n1),omega1,alpha1,l1,l2,e);
end

%3. 位移,速度,加速度和曲柄滑块机构图形输出
figure(11);
n1=1:720;
```

```
subplot(2,2,1);        % 绘位移线图
[AX,H1,H2]=plotyy(theta1*du,theta2*du,theta1*du,s3);
set(get(AX(1),'ylabel'),'String','连杆角位移/\circ')
set(get(AX(2),'ylabel'),'String','滑块位移/mm')
title('位移线图');
xlabel('曲柄转角 \theta_1/\circ')
grid on;


subplot(2,2,2);        % 绘速度线图
[AX,H1,H2]=plotyy(theta1*du,omega2,theta1*du,v3)
title('速度线图');
xlabel('曲柄转角 \theta_1/\circ')
ylabel('连杆角速度/rad\cdots^{-1}')
set(get(AX(2),'ylabel'),'String','滑块速度/mm\cdots^{-1}')
grid on;


subplot(2,2,3);        % 绘加速度线图
[AX,H1,H2]=plotyy(theta1*du,alpha2,theta1*du,a3)
title('加速度线图');
xlabel('曲柄转角 \theta_1/\circ')
ylabel('连杆角加速度/rad\cdots^{-2}')
set(get(AX(2),'ylabel'),'String','滑块加速度/mm\cdots^{-2}')
grid on;


subplot(2,2,4);        % 绘曲柄滑块机构图
x(1)=0;
y(1)=0;
x(2)=l1*cos(70*hd);
y(2)=l1*sin(70*hd);
x(3)=s3(70);
y(3)=e;
x(4)=s3(70);;
y(4)=0;
x(5)=0;
y(5)=0;
x(6)=x(3)-40;
y(6)=y(3)+10;
x(7)=x(3)+40;
y(7)=y(3)+10;
x(8)=x(3)+40;
y(8)=y(3)-10;
x(9)=x(3)-40;
y(9)=y(3)-10;
x(10)=x(3)-40;
```

```
y(10)=y(3)+10;

i=1:5;
plot(x(i),y(i));
grid on;
hold on;
i=6:10;
plot(x(i),y(i));
title('曲柄滑块机构');
grid on;
hold on;
xlabel('mm')
ylabel('mm')
axis([-50 400 -20 130]);
plot(x(1),y(1),'o');
plot(x(2),y(2),'o');
plot(x(3),y(3),'o');
```

%4. 曲柄滑块机构运动仿真
```
figure(2)
m=moviein(20);
j=0;

for n1=1:5:360
  j=j+1;
  clf;
  %
  x(1)=0;
  y(1)=0;
  x(2)=l1*cos(n1*hd);
  y(2)=l1*sin(n1*hd);
  x(3)=s3(n1);
  y(3)=e;
  x(4)=(l1+l2+50);
  y(4)=0;
  x(5)=0;
  y(5)=0;
  x(6)=x(3)-40;
  y(6)=y(3)+10;
  x(7)=x(3)+40;
  y(7)=y(3)+10;
  x(8)=x(3)+40;
  y(8)=y(3)-10;
  x(9)=x(3)-40;
```

```
    y(9)=y(3)-10;
    x(10)=x(3)-40;
    y(10)=y(3)+10;
    %
    i=1:3;
    plot(x(i),y(i));
    grid on; hold on;
    i=4:5;
    plot(x(i),y(i));
    i=6:10;
    plot(x(i),y(i));
    plot(x(1),y(1),'o');
    plot(x(2),y(2),'o');
    plot(x(3),y(3),'o');

    title('曲柄滑块机构');
    xlabel('mm')
    ylabel('mm')
    axis([-150 450 -150 150]);
    m(j)=getframe;
  end
  movie(m)
```

2. 子函数 slider_crank 文件

```
**********************************************
function [theta2,s3,omega2,v3,alpha2,a3]=slider_crank(theta1,omega1,alpha1,l1,l2,e)
%1. 计算连杆 2 的角位移和滑块 3 的线位移
theta2=asin((e-l1*sin(theta1))/l2);
s3=l1*cos(theta1)+l2*cos(theta2);

%2. 计算连杆 2 的角速度和滑块 3 的线速度
A=[l2*sin(theta2),1;-l2*cos(theta2),0];    %  机构从动件的位置参数矩阵
B=[-l1*sin(theta1);l1*cos(theta1)];        %  机构原动件的位置参数列阵
omega=A\(omega1*B);                        %  机构从动件的速度列阵
omega2=omega(1);
v3=omega(2);

%3. 计算连杆 2 的角加速度和滑块 3 的线加速度
At=[omega2*l2*cos(theta2),0;
    omega2*l2*sin(theta2),0];              %  At=dA/dt
Bt=[-omega1*l1*cos(theta1);
    -omega1*l1*sin(theta1)];              %  Bt=dB/dt
alpha=A\(-At*omega+alpha1*B+omega1*Bt);   %  机构从动件的加速度列阵
alpha2=alpha(1);
```

a3＝alpha(2);

四、运算结果

图 1-5 为曲柄滑块机构的运动线图和机构运动仿真图。

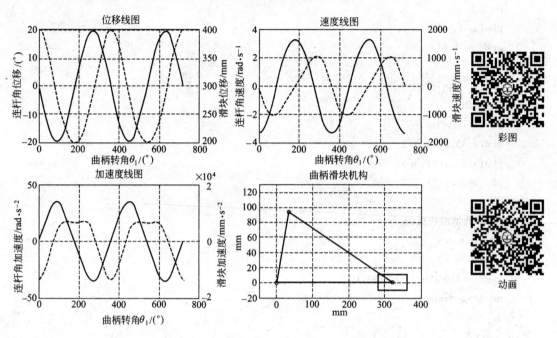

图 1-5　曲柄滑块机构的运动线图和机构运动仿真图

第四节　导杆机构的运动分析

在图 1-6 所示的导杆机构中，已知各构件的尺寸及原动件 1 的方位角 θ_1 和匀角速度 ω_1，需对其位置、速度和加速度进行分析。

一、数学模型的建立

为了对机构进行运动分析，先如图 1-6 建立直角坐标系，将各构件表示为杆矢，并将各杆矢用指数形式的复数表示。

1. 位置分析

如图 1-6 所示，由封闭图形 $ABCA$ 可写出机构各杆矢所构成的封闭矢量方程

$$\vec{l_4}+\vec{l_1}=\vec{s_B} \tag{1-17}$$

其复数形式表示为

$$l_4\mathrm{e}^{\mathrm{i}\frac{\pi}{2}}+l_1\mathrm{e}^{\mathrm{i}\theta_1}=s_B\mathrm{e}^{\mathrm{i}\theta_3} \tag{1-18}$$

将式（1-18）的实部和虚部分离，得

$$\left.\begin{array}{l} l_1\cos\theta_1=s_B\cos\theta_3 \\ l_4+l_1\sin\theta_1=s_B\sin\theta_3 \end{array}\right\} \tag{1-19}$$

由式（1-19）得

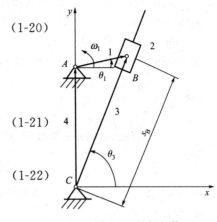

图 1-6　导杆机构

$$s_B=\sqrt{(l_1\cos\theta_1)^2+(l_4+l_1\sin\theta_1)^2}$$
$$\theta_3=\arccos\frac{l_1\cos\theta_1}{s_B}\Bigg\} \tag{1-20}$$

2. 速度分析

将式（1-18）对时间 t 求一次导数，得速度关系

$$il_1\omega_1e^{i\theta_1}=is_B\omega_3e^{i\theta_3}+v_{23}e^{i\theta_3} \tag{1-21}$$

将式（1-21）的实部和虚部分离，得

$$l_1\omega_1\cos\theta_1=v_{23}\sin\theta_3+s_B\omega_3\cos\theta_3$$
$$-l_1\omega_1\sin\theta_1=v_{23}\cos\theta_3-s_B\omega_3\sin\theta_3\Bigg\} \tag{1-22}$$

若用矩阵形式来表示，则式（1-22）可写为

$$\begin{bmatrix}\cos\theta_3 & -s_B\sin\theta_3\\ \sin\theta_3 & s_B\cos\theta_3\end{bmatrix}\begin{bmatrix}v_{23}\\ \omega_3\end{bmatrix}=\omega_1l_1\begin{bmatrix}-\sin\theta_1\\ \cos\theta_1\end{bmatrix} \tag{1-23}$$

解式（1-23）即可求得滑块 2 相对导杆 3 的线速度 v_{23} 和导杆 3 的角速度 ω_3。

3. 加速度分析

将式（1-18）对时间 t 求二次导数，可得加速度关系表达式

$$\begin{bmatrix}\cos\theta_3 & -s_B\sin\theta_3\\ \sin\theta_3 & s_B\cos\theta_3\end{bmatrix}\begin{bmatrix}a_{23}\\ \alpha_3\end{bmatrix}+\begin{bmatrix}-\omega_3\sin\theta_3 & -v_{23}\sin\theta_3-s_3\omega_3\cos\theta_3\\ \omega_3\cos\theta_3 & v_{23}\cos\theta_3-s_3\omega_3\sin\theta_3\end{bmatrix}\begin{bmatrix}v_{23}\\ \omega_3\end{bmatrix}=-\omega_1^2l_1\begin{bmatrix}\cos\theta_1\\ \sin\theta_1\end{bmatrix}$$

$$\tag{1-24}$$

解式（1-24）即可求得滑块 2 相对导杆 3 的线加速度 a_{23} 和导杆 3 的角加速度 α_3。

二、计算实例

【例 1-3】　如图 1-6 所示，已知导杆机构各构件的尺寸为：$l_1=120$mm，$l_4=380$mm，原动件 1 以匀角速度 $\omega_1=1$rad/s 逆时针转动，试确定导杆 3 的角位移、角速度和角加速度，以及滑块 2 在导杆 3 上的位置、速度和加速度，并绘制出运动线图。

三、程序设计

导杆机构 MATLAB 程序由主程序 leader_main 和子函数 leader 两部分组成。

1. 主程序 leader_main 文件

```
*******************************************************************
%1. 输入已知数据
clear;
l1=0.12;
l3=0.6;
l4=0.38;
omega1=1;
alpha1=0;
hd=pi/180;
du=180/pi;
```

```
%2. 调用子函数 leader 计算导杆机构位移，角速度，角加速度
for n1＝1:400;
    theta1(n1)＝n1＊hd;
[theta3(n1),s3(n1),omega3(n1),v23(n1),alpha3(n1),a2(n1)]＝leader(theta1(n1),omega1,alpha1,l1,
l4);
end


%3. 位移，角速度，角加速度和导杆机构图形输出
figure(1);
n1＝1:400;
subplot(2,2,1);          %绘角位移及位移线图
plot(n1,theta3＊du);
grid on;
hold on;
axis auto;
[haxes,hline1,hline2]＝plotyy(n1,theta3＊du,n1,s3);
grid on;
hold on;

title('角位移及位移线图');
xlabel('曲柄转角 \ theta _ 1/ \ circ')
axes(haxes(1));
ylabel('角位移/ \ circ')
axes(haxes(2));
ylabel('位移/m')
hold on;
grid on;

subplot(2,2,2);        %绘角速度及速度线图
plot(n1,omega3);
grid on;
hold on;
axis auto;
[haxes,hline1,hline2]＝plotyy(n1,omega3,n1,v23);
grid on;
hold on;

title('角速度及速度线图');
xlabel('曲柄转角 \ theta _ 1/ \ circ')
axes(haxes(1));
ylabel('角速度/ rad \ cdots^ {-1}')
axes(haxes(2));
ylabel('速度/m \ cdots^ {-1}')
hold on;
```

```
grid on;

subplot(2,2,3);    %绘角加速度和加速度线图
plot(n1,alpha3);
grid on;
hold on;
axis auto;
[haxes,hline1,hline2]=plotyy(n1,alpha3,n1,a2);
grid on;
hold on;
title('角加速度及加速度线图');
xlabel('曲柄转角 \ theta _ 1/ \ circ')
axes(haxes(1));
ylabel('角加速度/rad \ cdots^ {-2}')
axes(haxes(2));
ylabel('加速度/m \ cdots^ {-2}')
hold on;
grid on;

subplot(2,2,4);    %导杆机构仿真
n1=1;
x(1)=(s3(n1)*1000-50)*cos(theta3(n1));
    y(1)=(s3(n1)*1000-50)*sin(theta3(n1));
    x(2)=0;
    y(2)=0;
    x(3)=0;
    y(3)=l4*1000 + 50;
    x(4)=0;
    y(4)=l4*1000;
    x(5)=l1*1000*cos(theta1(n1));
    y(5)=l1*1000*sin(theta1(n1)) + l4*1000;
    x(6)=(s3(n1)*1000 + 50)*cos(theta3(n1));
y(6)=(s3(n1)*1000 + 50)*sin(theta3(n1));
    x(7)=l3*1000*cos(theta3(n1));
    y(7)=l3*1000*sin(theta3(n1));
    x(10)=(s3(n1)*1000-50)*cos(theta3(n1));
    y(10)=(s3(n1)*1000-50)*sin(theta3(n1));
x(11)=x(10) + 25*cos(pi/2-theta3(n1));
y(11)=y(10) - 25*sin(pi/2-theta3(n1));
x(12)=x(11) + 100*cos(theta3(n1));
y(12)=y(11) + 100*sin(theta3(n1));
x(13)=x(12) - 50*cos(pi/2-theta3(n1));
y(13)=y(12) + 50*sin(pi/2-theta3(n1));
x(14)=x(10) - 25*cos(pi/2-theta3(n1));
```

```
y(14)=y(10)+25*sin(pi/2-theta3(n1));
x(15)=x(10);
y(15)=y(10);
    i=1:5
    plot(x(i),y(i));
    grid on;
    hold on;
    i=6:7
    plot(x(i),y(i));
    grid on;
    hold on;
    i=10:15
    plot(x(i),y(i));
    grid on;
    hold on;
    plot(x(4),y(4),'o');
    plot(x(2),y(2),'o');
    plot(x(5),y(5),'o');
    title('导杆机构仿真');
    xlabel('mm');
    ylabel('mm');
    axis equal;
```

2. 子函数 leader 文件

```
* * * * * * * * * * * * * * * * * * * * * * * * * * * * * * * * * * * * * * * * * * * * * * * * *
function [theta3,s3,omega3,v23,alpha3,a2]=leader(theta1,omega1,alpha1,l1,l4)


%1. 计算角位移和线位移
    s3=sqrt((l1*cos(theta1))*(l1*cos(theta1))+(l4+l1*sin(theta1))*(l4+l1*sin(theta1)));
%s3 表示滑块 2 相对于 CD 杆的位移
    theta3=acos((l1*cos(theta1))/s3);              %theta3 表示导杆 3 转过角度


%2. 计算角速度和线速度
    A=[sin(theta3),s3*cos(theta3);                 %从动件位置参数矩阵
      -cos(theta3),s3*sin(theta3)];
    B=[l1*cos(theta1);l1*sin(theta1)];             %原动件位置参数矩阵
    omega=A\(omega1*B);
    v23=omega(1);                                  %滑块 2 的速度
    omega3=omega(2);                               %导杆 3 的角速度


%3. 计算角加速度和线加速度
    A=[sin(theta3),s3*cos(theta3);                 %从动件位置参数矩阵
      cos(theta3),-s3*sin(theta3)];
    At=[omega3*cos(theta3),(v23*cos(theta3)-s3*omega3*sin(theta3));
```

```
        -omega3 * sin(theta3),( - v23 * sin(theta3) - s3 * omega3 * cos(theta3))];
Bt=[- l1 * omega1 * sin(theta1); - l1 * omega1 * cos(theta1)];
alpha=A \ ( - At * omega + omega1 * Bt);      %机构从动件的加速度列阵
a2=alpha(1);                                   %a2 表示滑块 2 的加速度
alpha3=alpha(2);                               %alpha3 表示杆 3 的角加速度
```

四、运算结果

图 1-7 为导杆机构的运动线图和机构运动仿真图。

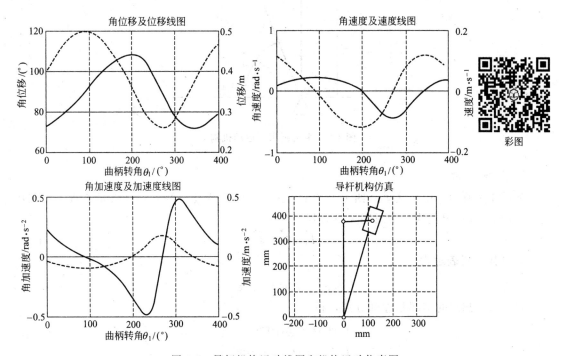

图 1-7　导杆机构运动线图和机构运动仿真图

第五节　六杆机构的运动分析

由于六杆机构的类型很多，任何一个四杆机构，若加上一个二级杆组就成为一个六杆机构，我们就使用较广泛的一类六杆机构——由曲柄、摆动导杆、连杆和滑块组成的来进行运动分析和程序设计，图 1-8 所示的牛头刨床主运动机构就是这样一类六杆机构。

图 1-8 所示为牛头刨床主运动机构的运动简图。设已知各构件的尺寸及原动件 1 的方位角 θ_1 和匀角速度 ω_1，需对导杆的角位移、角速度和角加速度以及刨头的位置、速度和加速度进行分析。

一、数学模型的建立

为了对机构进行运动分析，先如图 1-8 建立直角坐标系，将各构件表示为杆矢，并将各杆矢用指数形式的复数表示。

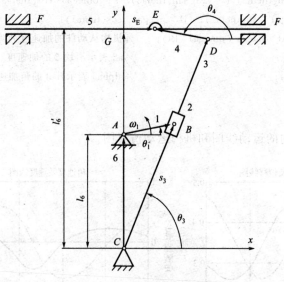

图 1-8　牛头刨床主运动机构

1. 位置分析

如图 1-8 所示，由于这里有四个未知量，为了求解需要建立两个封闭矢量方程。由封闭图形 $ABCA$ 可写出机构一个封闭矢量方程

$$\vec{l_6} + \vec{l_1} = \vec{s_3} \tag{1-25}$$

其复数形式表示为

$$l_6 e^{i\frac{\pi}{2}} + l_1 e^{i\theta_1} = s_3 e^{i\theta_3} \tag{1-26}$$

将式（1-26）的实部和虚部分离，得

$$\left.\begin{array}{r} l_1 \cos\theta_1 = s_3 \cos\theta_3 \\ l_6 + l_1 \sin\theta_1 = s_3 \sin\theta_3 \end{array}\right\} \tag{1-27}$$

由式（1-27）得

$$\left.\begin{array}{l} s_3 = \sqrt{(l_1 \cos\theta_1)^2 + (l_6 + l_1 \sin\theta_1)^2} \\[2mm] \theta_3 = \arccos \dfrac{l_1 \cos\theta_1}{s_3} \end{array}\right\} \tag{1-28}$$

由封闭图形 $CDEGC$ 可写出机构另一个封闭矢量方程

$$\vec{l_3} + \vec{l_4} = \vec{l_6'} + \vec{s_E} \tag{1-29}$$

其复数形式表示为

$$l_3 e^{i\theta_3} + l_4 e^{i\theta_4} = l_6' e^{i\frac{\pi}{2}} + s_E \tag{1-30}$$

将式（1-30）的实部和虚部分离，得

$$\left.\begin{array}{r} l_3 \cos\theta_3 + l_4 \cos\theta_4 - s_E = 0 \\ l_3 \sin\theta_3 + l_4 \sin\theta_4 = l_6' \end{array}\right\} \tag{1-31}$$

由式（1-31）得

$$\left.\begin{array}{l} \theta_4 = \arcsin \dfrac{l_6' - l_3 \sin\theta_3}{l_4} \\[2mm] s_E = l_3 \cos\theta_3 + l_4 \cos\theta_4 \end{array}\right\} \tag{1-32}$$

2. 速度分析

将式(1-26)和式(1-30)对时间 t 求一次导数，得速度关系

$$\left.\begin{array}{l} \mathrm{i}l_1\omega_1 \mathrm{e}^{\mathrm{i}\theta_1} = v_{23}\mathrm{e}^{\mathrm{i}\theta_3} + \mathrm{i}s_3\omega_3\mathrm{e}^{\mathrm{i}\theta_3} \\[1mm] \mathrm{i}l_3\omega_3\mathrm{e}^{\mathrm{i}\theta_3} + \mathrm{i}l_4\omega_4\mathrm{e}^{\mathrm{i}\theta_4} = v_E \end{array}\right\} \tag{1-33}$$

将式(1-33)的实部和虚部分离，得

$$\left.\begin{array}{l} l_1\omega_1\cos\theta_1 = v_{23}\sin\theta_3 + s_3\omega_3\cos\theta_3 \\[1mm] -l_1\omega_1\sin\theta_1 = v_{23}\cos\theta_3 - s_3\omega_3\sin\theta_3 \\[1mm] l_3\omega_3\cos\theta_3 + l_4\omega_4\cos\theta_4 = 0 \\[1mm] -l_3\omega_3\sin\theta_3 - l_4\omega_4\sin\theta_4 = v_E \end{array}\right\} \tag{1-34}$$

若用矩阵形式来表示，则式（1-34）可写为

$$\begin{bmatrix} \cos\theta_3 & -s_3\sin\theta_3 & 0 & 0 \\ \sin\theta_3 & s_3\cos\theta_3 & 0 & 0 \\ 0 & -l_3\sin\theta_3 & -l_4\sin\theta_4 & -1 \\ 0 & l_3\cos\theta_3 & l_4\cos\theta_4 & 0 \end{bmatrix} \begin{bmatrix} v_{23} \\ \omega_3 \\ \omega_4 \\ v_E \end{bmatrix} = \omega_1 \begin{bmatrix} -l_1\sin\theta_1 \\ l_1\cos\theta_1 \\ 0 \\ 0 \end{bmatrix} \tag{1-35}$$

3. 加速度分析

将式(1-26)和式(1-30)对时间 t 求二次导数，可得加速度关系表达式

$$\begin{bmatrix} \cos\theta_3 & -s_3\sin\theta_3 & 0 & 0 \\ \sin\theta_3 & s_3\cos\theta_3 & 0 & 0 \\ 0 & -l_3\sin\theta_3 & -l_4\sin\theta_4 & -1 \\ 0 & l_3\cos\theta_3 & l_4\cos\theta_4 & 0 \end{bmatrix} \begin{bmatrix} a_{23} \\ \alpha_3 \\ \alpha_4 \\ a_E \end{bmatrix}$$

$$= - \begin{bmatrix} -\omega_3\sin\theta_3 & -v_{23}\sin\theta_3 - s_3\omega_3\cos\theta_3 & 0 & 0 \\ \omega_3\cos\theta_3 & v_{23}\cos\theta_3 - s_3\omega_3\sin\theta_3 & 0 & 0 \\ 0 & -l_3\omega_3\cos\theta_3 & -l_4\omega_4\cos\theta_4 & 0 \\ 0 & -l_3\omega_3\sin\theta_3 & -l_4\omega_4\sin\theta_4 & 0 \end{bmatrix} \begin{bmatrix} v_{23} \\ \omega_3 \\ \omega_4 \\ v_E \end{bmatrix} + \omega_1 \begin{bmatrix} -l_1\omega_1\cos\theta_1 \\ -l_1\omega_1\sin\theta_1 \\ 0 \\ 0 \end{bmatrix} \tag{1-36}$$

二、计算实例

【例1-4】 如图1-8所示，已知牛头刨床主运动机构各构件的尺寸为：$l_1 = 125\mathrm{mm}$，$l_3 = 600\mathrm{mm}$，$l_4 = 150\mathrm{mm}$，$l_6 = 275\mathrm{mm}$，$l_6' = 575\mathrm{mm}$，原动件 1 以匀角速度 $\omega_1 = 1\mathrm{rad/s}$ 逆时针转动，计算该机构中各从动件的角位移、角速度和角加速度以及刨头 5 上 E 点的位置、速度和加速度，并绘制出运动线图。

三、程序设计

牛头刨床主运动机构 MATLAB 程序由主程序 six_bar_main 和子函数 six_bar 两部分组成。

1. 主程序 six_bar_main 文件

```
*************************************************
%1. 输入已知数据
clear;
l1=0.125;
l3=0.600;
l4=0.150;
l6=0.275;
l61=0.575;
omega1=1;
alpha1=0;
hd=pi/180;
du=180/pi;

%2. 调用子函数 six_bar 计算牛头刨床机构位移,角速度,角加速度
for n1=1:459;
    theta1(n1)=-2*pi+5.8119+(n1-1)*hd;
    ll=[l1,l3,l4,l6,l61];
    [theta,omega,alpha]=six_bar(theta1(n1),omega1,alpha1,ll);

    s3(n1)=theta(1);          %s3 表示滑块 2 相对于 CD 杆的位移
    theta3(n1)=theta(2);      %theta3 表示杆 3 转过角度
    theta4(n1)=theta(3);      %theta4 表示杆 4 转过角度
    sE(n1)=theta(4);          %sE 表示杆 5 的位移

    v2(n1)=omega(1);          %滑块 2 的速度
    omega3(n1)=omega(2);      %构件 3 的角速度
    omega4(n1)=omega(3);      %构件 4 的角速度
    vE(n1)=omega(4);          %构件 5 的速度

    a2(n1)=alpha(1);          %a2 表示滑块 2 的加速度
    alpha3(n1)=alpha(2);      %alpha3 表示杆 3 的角加速度
    alpha4(n1)=alpha(3);      %alpha4 表示杆 4 的角加速度
    aE(n1)=alpha(4);          %构件 5 的加速度
end

%3. 位移,角速度,角加速度和牛头刨床图形输出
figure(3);
n1=1:459;
t=(n1-1)*2*pi/360;
subplot(2,2,1);  %绘角位移及位移线图

plot(t,theta3*du,'r-.');
```

```
grid on;
hold on;
axis auto;
[haxes,hline1,hline2]＝plotyy(t,theta4 * du,t,sE);
grid on;
hold on;

xlabel('时间/s')
axes(haxes(1));
ylabel('角位移/\ circ ')
axes(haxes(2));
ylabel('位移/m')
hold on;
grid on;
text(1.15,－0.65,'\ theta _ 3')
text(3.4,0.27,'\ theta _ 4')
text(2.25,－0.15,'s _ E')

subplot(2,2,2);　 %绘角速度及速度线图
plot(t,omega3,'r -.');
grid on;
hold on;
axis auto;
[haxes,hline1,hline2]＝plotyy(t,omega4,t,vE);
grid on;
hold on;

xlabel('时间/s')
axes(haxes(1));
ylabel('角速度/rad \ cdots^ { - 1}')
axes(haxes(2));
ylabel('速度/m \ cdots^ {-1}')
hold on;
grid on;
text(3.1,0.35,'\ omega _ 3')
text(2.1,0.1,'\ omega _ 4')
text(5.5,0.45,'v _ E')

subplot(2,2,3); %绘角加速度和加速度图
plot(t,alpha3,'r -.');
grid on;
hold on;
axis auto;
[haxes,hline1,hline2]＝plotyy(t,alpha4,t,aE);
```

```
grid on;
hold on;

xlabel('时间/s')
axes(haxes(1));
ylabel('角加速度/rad \cdots^{-2}')
axes(haxes(2));
ylabel('加速度/m \cdots^{-2}')
hold on;
grid on;
text(1.5,0.3,'\alpha_3')
text(3.5,0.51,'\alpha_4')
text(1.5,-0.11,'a_E')

subplot(2,2,4);%牛头刨床机构
n1=20;
x(1)=0;
y(1)=0;
x(2)=(s3(n1)*1000-50)*cos(theta3(n1));
y(2)=(s3(n1)*1000-50)*sin(theta3(n1));
x(3)=0;
y(3)=l6*1000;
x(4)=l1*1000*cos(theta1(n1));
y(4)=s3(n1)*1000*sin(theta3(n1));
x(5)=(s3(n1)*1000+50)*cos(theta3(n1));
y(5)=(s3(n1)*1000+50)*sin(theta3(n1));
x(6)=l3*1000*cos(theta3(n1));
y(6)=l3*1000*sin(theta3(n1));
x(7)=l3*1000*cos(theta3(n1))+l4*1000*cos(theta4(n1));
y(7)=l3*1000*sin(theta3(n1))+l4*1000*sin(theta4(n1));
x(8)=l3*1000*cos(theta3(n1))+l4*1000*cos(theta4(n1))-900;
y(8)=l61*1000;
x(9)=l3*1000*cos(theta3(n1))+l4*1000*cos(theta4(n1))+600;
y(9)=l61*1000;
x(10)=(s3(n1)*1000-50)*cos(theta3(n1));
y(10)=(s3(n1)*1000-50)*sin(theta3(n1));
x(11)=x(10)+25*cos(pi/2-theta3(n1));
y(11)=y(10)-25*sin(pi/2-theta3(n1));
x(12)=x(11)+100*cos(theta3(n1));
y(12)=y(11)+100*sin(theta3(n1));
x(13)=x(12)-50*cos(pi/2-theta3(n1));
y(13)=y(12)+50*sin(pi/2-theta3(n1));
x(14)=x(10)-25*cos(pi/2-theta3(n1));
y(14)=y(10)+25*sin(pi/2-theta3(n1));
```

```
x(15)=x(10);
y(15)=y(10);
x(16)=0;
y(16)=0;
x(17)=0;
y(17)=l6*1000;
k=1:2;
plot(x(k),y(k));
hold on;
k=3:4;
plot(x(k),y(k));
hold on;
k=5:9;
plot(x(k),y(k));
hold on;
k=10:15;
plot(x(k),y(k));
hold on;
k=16:17;
plot(x(k),y(k));
hold on;
grid on;
axis([-500 600 0 650]);
title('牛头刨床运动仿真');
grid on;
xlabel('mm')
ylabel('mm')
plot(x(1),y(1),'o');
plot(x(3),y(3),'o');
plot(x(4),y(4),'o');
plot(x(6),y(6),'o');
plot(x(7),y(7),'o');
hold on;
grid on;
xlabel('mm')
ylabel('mm')
axis([-400 600 0 650]);

%4. 牛头刨床机构运动仿真
figure(2)
m=moviein(20);
j=0;

for n1=1:5:360
```

```
j=j+1;
clf;
x(1)=0;
y(1)=0;
x(2)=(s3(n1)*1000-50)*cos(theta3(n1));
y(2)=(s3(n1)*1000-50)*sin(theta3(n1));
x(3)=0;
y(3)=l6*1000;
x(4)=l1*1000*cos(theta1(n1));
y(4)=s3(n1)*1000*sin(theta3(n1));
x(5)=(s3(n1)*1000+50)*cos(theta3(n1));
y(5)=(s3(n1)*1000+50)*sin(theta3(n1));
x(6)=l3*1000*cos(theta3(n1));
y(6)=l3*1000*sin(theta3(n1));
x(7)=l3*1000*cos(theta3(n1))+l4*1000*cos(theta4(n1));
y(7)=l3*1000*sin(theta3(n1))+l4*1000*sin(theta4(n1));
x(8)=l3*1000*cos(theta3(n1))+l4*1000*cos(theta4(n1))-900;
y(8)=l61*1000;
x(9)=l3*1000*cos(theta3(n1))+l4*1000*cos(theta4(n1))+600;
y(9)=l61*1000;
x(10)=(s3(n1)*1000-50)*cos(theta3(n1));
y(10)=(s3(n1)*1000-50)*sin(theta3(n1));
x(11)=x(10)+25*cos(pi/2-theta3(n1));
y(11)=y(10)-25*sin(pi/2-theta3(n1));
x(12)=x(11)+100*cos(theta3(n1));
y(12)=y(11)+100*sin(theta3(n1));
x(13)=x(12)-50*cos(pi/2-theta3(n1));
y(13)=y(12)+50*sin(pi/2-theta3(n1));
x(14)=x(10)-25*cos(pi/2-theta3(n1));
y(14)=y(10)+25*sin(pi/2-theta3(n1));
x(15)=x(10);
y(15)=y(10);x(16)=0;
y(16)=0;
x(17)=0;
y(17)=l6*1000;
k=1:2;
plot(x(k),y(k));
hold on;
k=3:4;
plot(x(k),y(k));
hold on;
k=5:9;
plot(x(k),y(k));
hold on;
```

```
k=10:15;
plot(x(k),y(k));
hold on;
k=16:17;
plot(x(k),y(k));
hold on;
grid on;
axis（[-500 600 0 650]）;
title('牛头刨床运动仿真');
grid on;
xlabel('mm')
ylabel('mm')
plot(x(1),y(1),'o');
plot(x(3),y(3),'o');
plot(x(4),y(4),'o');
plot(x(6),y(6),'o');
plot(x(7),y(7),'o');
axis equal;
m(j)=getframe;
end
movie(m)
```

2. 子函数 six_bar 文件

* *

```
function [theta,omega,alpha]=six_bar(theta1,omega1,alpha1,ll)
l1=ll(1);
l3=ll(2);
l4=ll(3);
l6=ll(4);
l61=ll(5);
```

%1. 计算角位移和线位移
```
s3=sqrt((l1*cos(theta1))*(l1*cos(theta1))+(l6+l1*sin(theta1))*(l6+l1*sin(theta1)));
```
%s3 表示滑块 2 相对于 CD 杆的位移
```
theta3=acos((l1*cos(theta1))/s3);          %theta3 表示杆 3 转过角度
theta4=pi-asin((l61-l3*sin(theta3))/l4);   %theta4 表示杆 4 转过角度
sE=l3*cos(theta3)+l4*cos(theta4);          %sE 表示杆 5 的位移
theta(1)=s3;
theta(2)=theta3;
theta(3)=theta4;
theta(4)=sE;
```

%2. 计算角速度和线速度
```
A=[sin(theta3),s3*cos(theta3),0,0;         %从动件位置参数矩阵
  -cos(theta3),s3*sin(theta3),0,0;
  0,l3*sin(theta3),l4*sin(theta4),1;
  0,l3*cos(theta3),l4*cos(theta4),0];
```

```
B=[l1 * cos(theta1 );l1 * sin(theta1 );0;0];        %原动件位置参数矩阵
omega=A \ (omega1 * B);
v2 =omega(1);                                        %滑块 2 的速度
omega3 =omega(2);                                    %构件 3 的角速度
omega4 =omega(3);                                    %构件 4 的角速度
vE =omega(4);                                        %构件 5 的速度
```

```
%3. 计算角加速度和加速度
A=[sin(theta3 ),s3 * cos(theta3 ),0,0;               %从动件位置参数矩阵
   cos(theta3 ),-s3 * sin(theta3 ),0,0;
   0,l3 * sin(theta3 ),l4 * sin(theta4 ),1;
   0,l3 * cos(theta3 ),l4 * cos(theta4 ),0];
At=[omega3 * cos(theta3 ),(v2 * cos(theta3 ) - s3 * omega3 * sin(theta3 )),0,0;
    - omega3 * sin(theta3 ),( - v2 * sin(theta3 ) - s3 * omega3 * cos(theta3 )),0,0;
    0,l3 * omega3 * cos(theta3 ),l4 * omega4 * cos(theta4 ),0;
    0, - l3 * omega3 * sin(theta3 ), - l4 * omega4 * sin(theta4 ),0];
Bt=[ - l1 * omega1 * sin(theta1 ); - l1 * omega1 * cos(theta1 );0;0];
alpha=A \ ( - At * omega + omega1 * Bt);             %机构从动件的加速度列阵
a2 =alpha(1);                                        %a2 表示滑块 2 的加速度
alpha3 =alpha(2);                                    %alpha3 表示杆 3 的角加速度
alpha4 =alpha(3);                                    %alpha4 表示杆 4 的角加速度
aE =alpha(4);                                        %构件 5 的加速度
```

四、运算结果

图 1-9 为牛头刨床主运动机构的运动线图和机构运动仿真图。

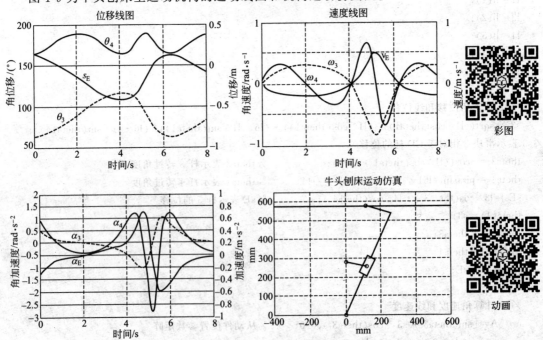

图 1-9 牛头刨床主运动机构运动线图和机构运动仿真图

习　题

1-1　在图示的铰链四杆机构中，主动杆 AB 以 $\omega_1 = 10.17\text{rad/s}$ 匀角速度逆时针旋转，各杆长度分别为 $l_1 = 100\text{mm}$，$l_2 = 300\text{mm}$，$l_3 = 250\text{mm}$，$l_4 = 200\text{mm}$。选定直角坐标系如图所示，其中轴 x 选得与固定铰链 D、A 的连线一致，求当曲柄 1 与 x 轴正向夹角为 $\varphi_1 = 0° \sim 360°$ 时，连杆 2 和摇杆 3 所转过的角度 φ_2、φ_3 以及它们的角速度 ω_2、ω_3 和角加速度 α_2、α_3。规定 φ 角从 x 轴正向测量时逆时针为正，反之为负。

1-2　在图示的铰链四杆机构中，AB 为主动杆，以 $\omega_1 = 10.47\text{rad/s}$ 匀角速度逆时针旋转，各杆长度分别为 $l_1 = 40\text{mm}$，$l_2 = 120\text{mm}$，$l_3 = 100\text{mm}$，$l_4 = 80\text{mm}$，连杆点 F 的位置是 $FE \perp BC$，BE 长 $S = 60\text{mm}$，EF 长 $T = 10\text{mm}$，选取直角坐标系如图所示。求当曲柄 1 与 x 轴正向夹角为 $\varphi_1 = 0° \sim 360°$ 时，连杆 2 和摇杆 3 所转过的角度 φ_2、φ_3 以及它们的角速度和角加速度 ω_2、ω_3、α_2、α_3，并求出连杆点 F 的各位置坐标、速度和加速度。规定 φ 角从轴 x 正向测量时，逆时针为正，反之为负。

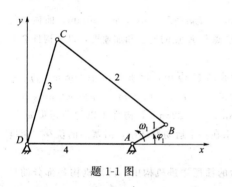

题 1-1 图

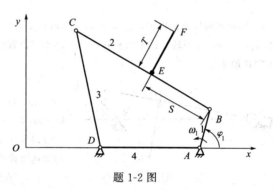

题 1-2 图

1-3　在图示机构中，已知原动件 1 以匀角速度 $\omega_1 = 10$ rad/s 逆时针方向转动，$l_{AB} = 100\text{mm}$，$l_{BC} = 300\text{mm}$，$e = 30\text{mm}$。当 $\varphi_1 = 0° \sim 360°$ 时，试用复数矢量法求构件 2 的转角 θ_2、角速度 ω_2 和角加速度 α_2，构件 3 的速度 v_3 和加速度 a_3。

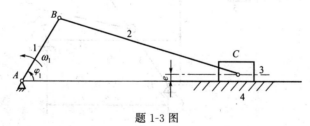

题 1-3 图

1-4　图示摆动导杆机构中，已知曲柄 AB 以匀角速度 $\omega_1 = 10$ rad/s 转动，$l_{AB} = 100\text{mm}$，$l_{AC} = 300\text{mm}$，$l_{CK} = 40\text{mm}$。当 $\varphi_1 = 1° \sim 360°$ 时，求构件 3 的角速度 ω_3 和角加速度 α_3。

1-5　在图示的回转导杆机构中，已知 $l_{AC} = 50\text{mm}$，$l_{BC} = 100\text{mm}$，$l_{BD} = 20\text{mm}$，导杆 AB 以匀角速度 $\omega_1 = 20\text{rad/s}$ 逆时针方向转动，如果 y 轴与机架 $\overrightarrow{CA}$ 重合，规定构件的转角从 y 轴正向测量时逆时针为正，求当 $\varphi_1 = 0° \sim 360°$ 时，构件 3 的相应转角 φ_3、角速度 ω_3、角加速度 α_3，以及滑块 2 上 B 点相对于铰链 A 的相应距离 S、相对速度 V_{B2B1}、相对加速度 a_{B2B1} 的大小和方向，并求出 D 点各位置的坐标、速度和加速度。

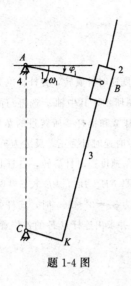

题 1-4 图

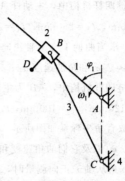

题 1-5 图

1-6　图示曲柄摇块机构中，已知 $l_{AB}=30mm$，$l_{AC}=100mm$，$l_{BD}=50mm$，$l_{DE}=40mm$，曲柄以匀角速度 $\omega_1=10\ rad/s$ 回转。试求机构在 $\varphi_1=0°\sim360°$ 位置时，D 点和 E 点的速度和加速度，以及构件 2 的角速度和角加速度。

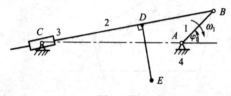

题 1-6 图

1-7　在图示的机构中，已知 $l_{AB}=60mm$，$l_{BC}=180mm$，$l_{DE}=200mm$，$l_{CD}=120mm$，$l_{EF}=300mm$，$h=80mm$，$h_1=85mm$，$h_2=225mm$，构件 1 以匀角速度 $\omega_1=100rad/s$ 转动。求在一个运动循环中，活塞 5 的位移、速度和加速度曲线。

1-8　在图示的摇摆送进机构中，已知机构各部分的尺寸为 $a=90mm$，$b=170mm$，$l_{AB}=80mm$，$l_{BC}=260mm$，$l_{DE}=400mm$，$l_{CD}=300mm$，$l_{EF}=460mm$，曲柄 1 以 $n_1=400\ r/min$ 匀速转动。试确定当 $\varphi_1=0°\sim360°$ 时滑块 5 的速度和加速度。

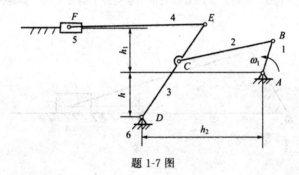

题 1-7 图

1-9　在图示曲柄滑块机构中，已知 $l_{AB}=100mm$，$l_{BC}=l_{BD}=200mm$。曲柄 AB 逆时针方向匀速转动，角速度为 $\omega_1=10rad/s$。求当曲柄 1 转动一周中，构件 2、3、4 和 5 的相应位置以及它们的速度和加速度。

1-10　图示的冲床机构中，已知 $l_{AB}=100mm$，$l_{BC}=400mm$，$l_{CD}=125mm$，$l_{CE}=540mm$，$H_x=350mm$，$H_y=200mm$。如果 y 轴与滑块 5 的导路一致，规定构件转角从 x 轴正向测量逆时针为正，求当主动构件 1 的转角 $\varphi_1=0°\sim360°$ 时，构件 2、3、4、5 的相应位置、速度和加速度。

1-11　在图示的六杆机构中，已知 $l_{AB}=150mm$，$l_{AC}=550mm$，$l_{BD}=80mm$，$l_{DE}=500mm$，曲柄以

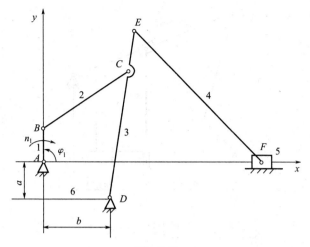

题 1-8 图

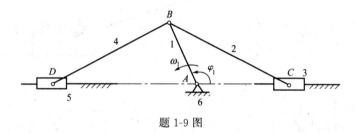

题 1-9 图

匀角速度 $\omega_1=10\mathrm{rad/s}$ 沿顺时针方向回转，求构件 3 的角位移、角速度、角加速度和构件 5 的位移、速度、加速度。

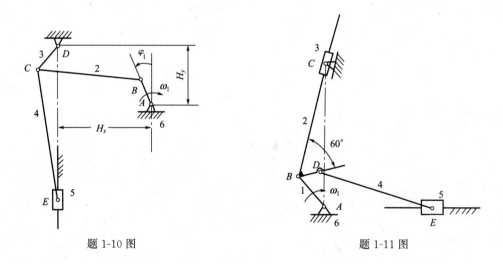

题 1-10 图　　　　　　　　　　题 1-11 图

1-12　图示的六杆机构中，各构件的尺寸分别为：$l_{AB}=200\mathrm{mm}$，$l_{BC}=500\mathrm{mm}$，$l_{CD}=800\mathrm{mm}$，$x_F=350\mathrm{mm}$，$x_D=350\mathrm{mm}$，$y_D=350\mathrm{mm}$，$\omega_1=10\mathrm{rad/s}$，求构件 5 上的 E 点的位移、速度和加速度。

1-13　图示的六杆机构中，已知：$l_{AB}=120\mathrm{mm}$，$l_{AC}=380\mathrm{mm}$，$l_{CD}=l_{DE}=600\mathrm{mm}$，滑块的滑道与固定铰链 C 的距离为 $H=380\mathrm{mm}$，曲柄沿顺时针转动，其转速 $n_1=170\mathrm{r/min}$。试分析机构运转任意瞬时 E 点速度、加速度以及构件 3、4 的角速度和角加速度。

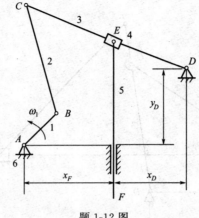

题 1-12 图

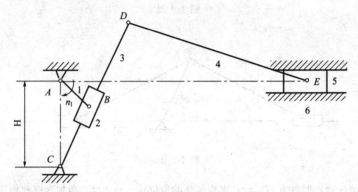

题 1-13 图

第二章　平面连杆机构的力分析

第一节　平面连杆机构力分析概述

平面连杆机构力分析的任务是确定运动副中的反力和需加于机构的平衡力或平衡力矩。由于运动副反力对整个机构来说是内力，故不能对整个机构进行力分析，而必须将机构分解为若干个构件或构件组，逐个进行分析。

一、数学模型的建立

运动副中的反力可以用两个下标表示，为便于建立方程和求解，各运动副中的反力统一写成 F_{Rij} 的形式，即构件 i 作用于构件 j 的力，构件 i 为施力体，而构件 j 为受力体，且规定 $i<j$。同一运动副中，作用在不同构件上的两个力，大小相等，方向相反，即 $F_{Rij}=-F_{Rji}$。

在建立力平衡方程之前，也要搞清力矩的表示方法。如图 2-1 所示，设作用于构件上任意一点 $A(x_A,y_A)$ 上的力为 F_A，当该力对构件上任意点 $B(x_B,y_B)$ 取矩时，则该力矩的直角坐标表示形式为

$$M_B=(y_B-y_A)F_{Ax}+(x_A-x_B)F_{Ay} \tag{2-1}$$

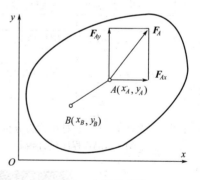

图 2-1　力矩的求取

在建立力平衡方程时，各力的分量与坐标轴同向为正，反向为负；力矩按逆时针方向为正，顺时针方向为负。在计算时，已知的外力（外力矩）按实际作用的方向取正负号代入，求得的未知力（或未知力矩）的方向由计算结果的正负号决定。

设一机构由机架和几个活动构件组成，各构件均以低副相连接，今从机构中任意取出一个带有两个运动副的外力（外力矩）已知的构件 i 为示力体，如图 2-2 所示，进行受力分析，建立其力平衡方程。

对质心 S_i 点取矩，根据 $\sum M_{S_i}=0$，$\sum F_x=0$ 和 $\sum F_y=0$，写出如下平衡方程

$$\left.\begin{aligned}
(y_{S_i}-y_A)F_{Ri-1,ix}+(x_A-x_{S_i})F_{Ri-1,iy}+(y_{S_i}-y_B)F_{Ri+1,ix}+(x_B-x_{S_i})F_{Ri+1,iy}&=-M_i\\
F_{Ri-1,ix}+F_{Ri+1,ix}&=-F_{ix}\\
F_{Ri-1,iy}+F_{Ri+1,iy}&=-F_{iy}
\end{aligned}\right\}$$

$$\tag{2-2}$$

同一运动副中，由于作用力和反作用力的关系，有 $F_{Ri+1,ix}=-F_{Ri,i+1x}$、$F_{Ri+1,iy}=$

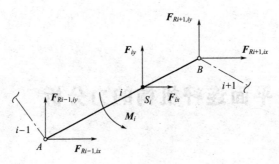

图 2-2 构件受力分析

$-F_{Ri,i+1y}$，代入式（2-2）得未知力下标均呈由小到大排列的平衡方程

$$(y_{S_i} - y_A)F_{Ri-1,ix} + (x_A - x_{S_i})F_{Ri-1,iy} - (y_{S_i} - y_B)F_{Ri,i+1x} - (x_B - x_{S_i})F_{Ri,i+1y} = -M_i \Bigg\}$$

$$F_{Ri-1,ix} - F_{Ri,i+1x} = -F_{ix}$$

$$F_{Ri-1,iy} - F_{Ri,i+1y} = -F_{iy}$$

$$(2-3)$$

同理，对每一个构件进行受力分析，写出其力平衡方程，然后整理成一个线性方程组，并写成矩阵形式，便可以借助于 MATLAB 软件进行编程求解。

二、程序设计

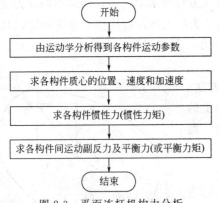

图 2-3 平面连杆机构力分析
MATLAB 程序设计流程

在对机构进行动态静力分析程序设计时，需先利用第一章介绍的方法对机构进行运动分析以确定所求位置时各构件的运动参数，再求出各构件的惯性力（惯性力矩），并把惯性力（惯性力矩）视为外力（外力矩）加于构件上，然后对各个构件建立力平衡方程，并对该力平衡方程进行求解，即可求得各运动副中的反力和所需的平衡力（或平衡力矩）。

平面连杆机构的力分析 MATLAB 程序设计流程如图 2-3 所示。

第二节 铰链四杆机构的力分析

在如图 2-4 所示的铰链四杆机构中，已知各构件的尺寸和质心的位置、各构件的质量和转动惯量、原动件 1 的方位角 θ_1 和匀角速度 ω_1 以及构件 3 的工作阻力矩 M_r，求各运动副中的反力和原动件上的平衡力矩 M_b。

一、数学模型的建立

1. 惯性力和惯性力矩的计算

由第一章介绍的运动分析方法可求出铰链四杆机构各构件的位移、速度和加速度，并可进一步计算出各构件质心的加速度。

构件 1 质心 S_1 的加速度

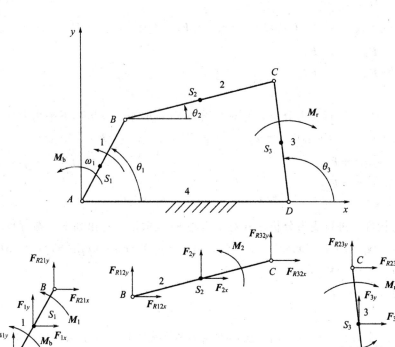

图 2-4　铰链四杆机构受力分析

$$a_{S_1x} = -l_{AS_1}\omega_1^2\cos\theta_1$$
$$a_{S_1y} = -l_{AS_1}\omega_1^2\sin\theta_1 \qquad (2\text{-}4)$$

构件 2 质心 S_2 的加速度

$$a_{S_2x} = -l_1\omega_1^2\cos\theta_1 - l_{BS_2}(\omega_2^2\cos\theta_2 + \alpha_2\sin\theta_2)$$
$$a_{S_2y} = -l_1\omega_1^2\sin\theta_1 - l_{BS_2}(\omega_2^2\sin\theta_2 - \alpha_2\cos\theta_2) \qquad (2\text{-}5)$$

构件 3 质心 S_3 的加速度

$$a_{S_3x} = -l_{DS_3}(\omega_3^2\cos\theta_3 + \alpha_3\sin\theta_3)$$
$$a_{S_3y} = -l_{DS_3}(\omega_3^2\sin\theta_3 - \alpha_3\cos\theta_3) \qquad (2\text{-}6)$$

由构件质心的加速度和构件的角加速度可以确定其惯性力和惯性力矩

$$\begin{aligned}
&F_{1x} = -m_1 a_{S_1x},\ F_{1y} = -m_1 a_{S_1y}\\
&F_{2x} = -m_2 a_{S_2x},\ F_{2y} = -m_2 a_{S_2y}\\
&F_{3x} = -m_3 a_{S_3x},\ F_{3y} = -m_3 a_{S_3y}\\
&M_1 = -J_{S_1}\alpha_1,\ M_2 = -J_{S_2}\alpha_2,\ M_3 = -J_{S_3}\alpha_3
\end{aligned} \qquad (2\text{-}7)$$

2. 平衡方程的建立

由图 2-4 所示的铰链四杆机构的受力分析可知，该机构有 4 个运动副，每个运动副反力可分解为 x、y 方向的两个分力，另外还有一个待求的平衡力矩共 9 个未知量，需列出九个方程式求解。根据前述的方法，建立各个构件的力平衡方程。

构件 1 受惯性力、构件 2 和构件 4 对它的作用力以及平衡力矩。对其质心 S_1 点取矩，根据 $\sum M_{S_1}=0$、$\sum F_x=0$ 和 $\sum F_y=0$，写出如下平衡方程

$$\left. \begin{aligned} &\boldsymbol{M}_b - \boldsymbol{F}_{R14x}(y_{S_1} - y_A) - \boldsymbol{F}_{R14y}(x_A - x_{S_1}) - \boldsymbol{F}_{R12x}(y_{S_1} - y_B) - \boldsymbol{F}_{R12y}(x_B - x_{S_1}) = 0 \\ &-\boldsymbol{F}_{R14x} - \boldsymbol{F}_{R12x} = -\boldsymbol{F}_{1x} \\ &-\boldsymbol{F}_{R14y} - \boldsymbol{F}_{R12y} = -\boldsymbol{F}_{1y} \end{aligned} \right\}$$

$$(2\text{-}8)$$

同理，对构件 2 进行受力分析，并对其质心 S_2 点取矩，写出如下平衡方程

$$\left. \begin{aligned} &\boldsymbol{F}_{R12x}(y_{S_2} - y_B) + \boldsymbol{F}_{R12y}(x_B - x_{S_2}) - \boldsymbol{F}_{R23x}(y_{S_2} - y_C) - \boldsymbol{F}_{R23y}(x_C - x_{S_2}) = -\boldsymbol{M}_2 \\ &\boldsymbol{F}_{R12x} - \boldsymbol{F}_{R23x} = -\boldsymbol{F}_{2x} \\ &\boldsymbol{F}_{R12y} - \boldsymbol{F}_{R23y} = -\boldsymbol{F}_{2y} \end{aligned} \right\}$$

$$(2\text{-}9)$$

同理，对构件 3 进行受力分析，并对其质心 S_3 点取矩，写出如下平衡方程

$$\left. \begin{aligned} &\boldsymbol{F}_{R23x}(y_{S_3} - y_C) + \boldsymbol{F}_{R23y}(x_C - x_{S_3}) - \boldsymbol{F}_{R34x}(y_{S_3} - y_D) - \boldsymbol{F}_{R34y}(x_D - x_{S_3}) = -\boldsymbol{M}_3 + \boldsymbol{M}_r \\ &\boldsymbol{F}_{R23x} - \boldsymbol{F}_{R34x} = -\boldsymbol{F}_{3x} \\ &\boldsymbol{F}_{R23y} - \boldsymbol{F}_{R34y} = -\boldsymbol{F}_{3y} \end{aligned} \right\}$$

$$(2\text{-}10)$$

根据以上九个方程式可以解出各运动副反力和平衡力矩等九个未知量，由于以上九个方程式都为线性方程，为便于 MATLAB 编程求解，将以上线性方程组合写成矩阵形式的平衡方程

$$\boldsymbol{CF}_R = \boldsymbol{D} \tag{2-11}$$

式中，$\boldsymbol{C}$ 为系数矩阵；$\boldsymbol{F}_R$ 为未知力列阵；$\boldsymbol{D}$ 为已知力列阵。其中

$$\boldsymbol{C} = \begin{bmatrix} 1 & -(y_{S_1} - y_A) & -(x_A - x_{S_1}) & -(y_{S_1} - y_B) & -(x_B - x_{S_1}) \\ 0 & -1 & 0 & -1 & 0 \\ 0 & 0 & -1 & 0 & -1 \\ 0 & 0 & 0 & y_{S_2} - y_B & x_B - x_{S_2} \\ 0 & 0 & 0 & 1 & 0 \\ 0 & 0 & 0 & 0 & 1 \\ 0 & 0 & 0 & 0 & 0 \\ 0 & 0 & 0 & 0 & 0 \\ 0 & 0 & 0 & 0 & 0 \end{bmatrix}$$

$$\begin{matrix} 0 & 0 & 0 & 0 \\ 0 & 0 & 0 & 0 \\ 0 & 0 & 0 & 0 \\ -(y_{S_2} - y_C) & -(x_C - x_{S_2}) & 0 & 0 \\ -1 & 0 & 0 & 0 \\ 0 & -1 & 0 & 0 \\ y_{S_3} - y_C & x_C - x_{S_3} & -(y_{S_3} - y_D) & -(x_D - x_{S_3}) \\ 1 & 0 & -1 & 0 \\ 0 & 1 & 0 & -1 \end{matrix} \Bigg\},$$

$$\boldsymbol{F}_R = \begin{bmatrix} \boldsymbol{M}_b \\ \boldsymbol{F}_{R14x} \\ \boldsymbol{F}_{R14y} \\ \boldsymbol{F}_{R12x} \\ \boldsymbol{F}_{R12y} \\ \boldsymbol{F}_{R23x} \\ \boldsymbol{F}_{R23y} \\ \boldsymbol{F}_{R34x} \\ \boldsymbol{F}_{R34y} \end{bmatrix}, \quad \boldsymbol{D} = \begin{bmatrix} 0 \\ -\boldsymbol{F}_{1x} \\ -\boldsymbol{F}_{1y} \\ -\boldsymbol{M}_2 \\ -\boldsymbol{F}_{2x} \\ -\boldsymbol{F}_{2y} \\ -\boldsymbol{M}_3 + \boldsymbol{M}_r \\ -\boldsymbol{F}_{3x} \\ -\boldsymbol{F}_{3y} \end{bmatrix} \text{。}$$

二、计算实例

【例 2-1】 如图 2-4 所示，已知铰链四杆机构各构件的尺寸为：$l_1 = 400\text{mm}$，$l_2 = 1000\text{mm}$，$l_3 = 700\text{mm}$，$l_4 = 1200\text{mm}$，各杆质心都在杆的中点处，各构件的质量为：$m_1 = 1.2\text{kg}$，$m_2 = 3\text{kg}$，$m_3 = 2.2\text{kg}$，各构件的转动惯量为：$J_1 = 0.016\text{kg·m}^2$，$J_2 = 0.25\text{kg·m}^2$，$J_3 = 0.09\text{kg·m}^2$，构件 3 的工作阻力矩为 $\boldsymbol{M}_r = 100\text{N·m}$，顺时针方向，其他构件外力及外力矩不计，构件 1 以匀角速度 $\omega_1 = 10\text{rad/s}$ 逆时针方向转动，不计摩擦时，求各转动副中的反力及平衡力矩 $\boldsymbol{M}_b$。

三、程序设计

铰链四杆机构力分析程序 crank _ rocker _ force 文件。

＊＊

```
%1. 输入已知数据
clear;
l1=0.40;
l2=1;
l3=0.70;
l4=1.200;
las1=0.2
lbs2=0.5;
lds3=0.35
omega1=10;
hd=pi/180;
du=180/pi;
%1=67.2;
m1=1.2;
m2=3;
m3=2.2;
g=10;
Js1=0.016;
Js2=0.25;
Js3=0.09;
```

Mr＝100

%2. 铰链四杆机构运动分析

```
for n1＝1:360
L＝sqrt(14 * 14 + 11 * 11 - 2 * 11 * 14 * cos(n1 * hd));
phi(n1)＝asin((11/L) * sin(n1 * hd));
beta(n1)＝acos(( - 12 * 12 + 13 * 13 + L * L)/(2 * 13 * L));
  if beta(n1)＜0
        beta(n1)＝beta(n1) + pi;
  end
theta3(n1)＝pi-phi(n1) - beta(n1);        %theta3 表示杆 3 转过角度
theta2(n1)＝asin((13 * sin(theta3(n1)) - 11 * sin(n1 * hd))/12);  %theta2 表示杆 2 转过角度
omega3(n1)＝omega1 * (11 * sin((n1 * hd-theta2(n1))))/(13 * sin((theta3(n1)-theta2(n1))));
                                        %omega3 表示杆 3 角速度
omega2(n1)＝ - omega1 * (11 * sin((n1 * hd-theta3(n1))))/(12 * sin((theta2(n1) - theta3(n1))));
                                        %omega2 表示杆 2 角速度
alpha3(n1)＝(omega1 ^ 2 * 11 * cos((n1 * hd-theta2(n1))) + omega2(n1) ^ 2 * 12-omega3(n1) ^ 2 * 13
 * cos((theta3(n1) - theta2(n1))))/(13 * sin((theta3(n1) - theta2(n1))));
                                        %alpha3 表示杆 3 角加速度
alpha2(n1)＝( - omega1 ^ 2 * 11 * cos((n1 * hd-theta3(n1))) + omega3(n1) ^ 2 * 13-omega2(n1) ^ 2 * 12
 * cos((theta2(n1) - thena3(n1))))/(12 * sin((theta2(n1) - thena(n1))))
                                        %alpha2 表示杆 2 角加速度
```

%3. 铰链四杆机构力平衡计算

%计算质心速度
```
as1x(n1)＝ - las1 * omega1 ^ 2 * cos(n1 * hd);            %质心 s1 在 x 轴的加速度
as1y(n1)＝ - las1 * omega1 ^ 2 * sin(n1 * hd);            %质心 s1 在 y 轴的加速度
as2x(n1)＝ - l1 * omega1 ^ 2 * cos(n1 * hd) - lbs2 * (alpha2(n1) * sin(theta2(n1))
 + omega2(n1) ^ 2 * cos(theta2(n1)));                    %质心 s2 在 x 轴的加速度
as2y(n1)＝ - l1 * omega1 ^ 2 * sin(n1 * hd) + lbs2 * (alpha2(n1) * cos(theta2(n1))
-omega2(n1) ^ 2 * sin(theta2(n1)));                      %质心 s2 在 y 轴的加速度
as3x(n1)＝ - lds3 * (cos(theta3(n1)) * omega3(n1) ^ 2 + sin(theta3(n1)) * alpha3(n1));
%质心 s3 在 x 轴的加速度
as3y(n1)＝ - lds3 * (sin(theta3(n1)) * omega3(n1) ^ 2-cos(theta3(n1)) * alpha3(n1));
```

%计算构件惯性力和惯性力矩
```
F1x(n1)＝ - as1x(n1) * m1;
F1y(n1)＝ - as1y(n1) * m1;
F2x(n1)＝ - as2x(n1) * m2;
F2y(n1)＝ - as2y(n1) * m2;
F3x(n1)＝ - as3x(n1) * m3;
F3y(n1)＝ - as3y(n1) * m3;
M2(n1)＝ - alpha2(n1) * Js2;                              %作用于杆 2 的合力矩
```

```
M3(n1) = - alpha3(n1) * Js3 - Mr;                    %作用于杆 3 的合力矩
```

```
%计算各个铰链点坐标, 计算各个质心点坐标
xa = 0;
ya = 0;
xb(n1) = l1 * cos(n1 * hd);
yb(n1) = l1 * sin(n1 * hd);
xc(n1) = l4 + l3 * cos(theta3(n1));
yc(n1) = l3 * sin(theta3(n1));
xd = l4;
yd = 0;
xs1(n1) = (xb(n1) + xa)/2;
ys1(n1) = (yb(n1) + ya)/2;
xs2(n1) = (xb(n1) + xc(n1))/2;
ys2(n1) = (yb(n1) + yc(n1))/2;
xs3(n1) = (xc(n1) + xd)/2;
ys3(n1) = (yc(n1) + yd)/2;
```

```
%未知力系数矩阵
A = zeros(9);
A(1,1) = 1; A(1,2) = - (ys1(n1) - ya); A(1,3) = - (xa-xs1(n1));
A(1,4) = - (ys1(n1) - yb(n1)); A(1,5) = - (xb(n1) - xs1(n1));
A(2,2) = - 1; A(2,4) = - 1;
A(3,3) = - 1; A(3,5) = - 1;
A(4,4) = (ys2(n1) - yb(n1)); A(4,5) = (xb(n1) - xs2(n1));
A(4,6) = - (ys2(n1) - yc(n1)); A(4,7) = - (xc(n1) - xs2(n1));
A(5,4) = 1; A(5,6) = - 1;
A(6,5) = 1; A(6,7) = - 1;
A(7,6) = (ys3(n1) - yc(n1)); A(7,7) = (xc(n1) - xs3(n1));
A(7,8) = - (ys3(n1) - yd); A(7,9) = - (xd-xs3(n1));
A(8,6) = 1; A(8,8) = - 1;
A(9,7) = 1; A(9,9) = - 1;
```

```
%已知力列
B = zeros(9,1);
B(1) = 0;
B(2) = - F1x(n1);
B(3) = - F1y(n1) + m1 * g; %B(3) = - F1y(n1);
B(4) = - M2(n1);
B(5) = - F2x(n1);
B(6) = - F2y(n1) + m2 * g; %B(6) = - F2y(n1);
B(7) = - M3(n1);
B(8) = - F3x(n1);
B(9) = - F3y(n1) + m3 * g; %B(9) = - F3y(n1);
```

```
C＝A \ B;
Mb(n1)＝C(1);Fr14x(n1)＝C(2);Fr14y(n1)＝C(3);Fr12x(n1)＝C(4);Fr12y(n1)＝C(5);
Fr23x(n1)＝C(6);Fr23y(n1)＝C(7);Fr34x(n1)＝C(8);Fr34y(n1)＝C(9);
end;
```
%4. 铰链四杆机构力分析图形输出
```
figure(4);
n1＝1:360;
subplot(2,2,1);                    %绘运动副反力 FR14 曲线图
plot(n1, Fr14x,'b');
hold on
plot(n1,Fr14y,'k--');
legend('F _ R _ 1 _ 4 _ x','F _ R _ 1 _ 4 _ y')
title('运动副反力 F _ R _ 1 _ 4 曲线图');
xlabel('曲柄转角 \ theta _ 1/ \ circ')
ylabel('F/N')
grid on;
subplot(2,2,2);                    %绘运动副反力 FR23 曲线图
plot(n1,Fr23x,'b');
hold on
plot(n1,Fr23y,'k--');
hold on
legend('F _ R _ 2 _ 3 _ x','F _ R _ 2 _ 3 _ y')
title('运动副反力 F _ R _ 2 _ 3 曲线图');
xlabel('曲柄转角 \ theta _ 1/ \ circ')
ylabel('F/N')
grid on;
subplot(2,2,3);                    %绘运动副反力 FR34 曲线图
plot(n1,Fr34x,'b');
hold on
plot(n1,Fr34y,'k--');
hold on
legend('F _ R _ 3 _ 4 _ x','F _ R _ 3 _ 4 _ y')
title('运动副反力 F _ R _ 3 _ 4 _ x 曲线图');
xlabel('曲柄转角 \ theta _ 1/ \ circ')
ylabel('F/N')
grid on;
subplot(2,2,4);                    %绘平衡力矩 M 曲线图
plot(n1,Mb)
title('力矩 Mb 图')
xlabel('曲柄转角 \ theta _ 1/ \ circ');
ylabel('M/N. m')
hold on;
grid on;
text(100,1.9 * 10 ^ 6,'Mb')
```

四、运算结果

图 2-5 为铰链四杆机构的力分析线图。

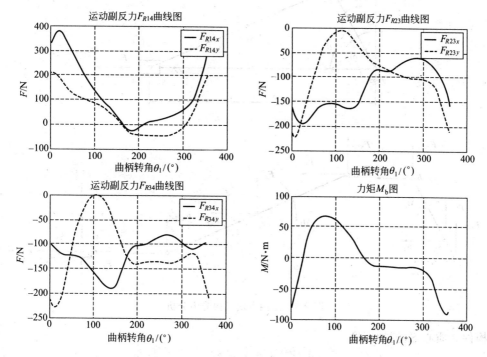

图 2-5　铰链四杆机构力分析线图

<table>
<tr><td>第三节</td><td>曲柄滑块机构的力分析</td></tr>
</table>

在如图 2-6 所示的曲柄滑块机构中，已知各构件的尺寸和质心的位置、各构件的质量和转动惯量、原动件 1 的方位角 θ_1 和匀角速度 ω_1 以及滑块 3 的水平工作阻力 $\boldsymbol{F}_r$，求各运动副中的反力和原动件上的平衡力矩 $\boldsymbol{M}_b$。

一、数学模型的建立

1. 惯性力和惯性力矩的计算

由第一章介绍的运动分析方法可求出曲柄滑块机构各构件的位移、速度和加速度，并可进一步计算出各构件质心的加速度。

构件 1 质心 S_1 的加速度

$$\left.\begin{array}{l} a_{S_1x} = -l_{AS_1}\omega_1^2\cos\theta_1 \\ a_{S_1y} = -l_{AS_1}\omega_1^2\sin\theta_1 \end{array}\right\} \tag{2-12}$$

构件 2 质心 S_2 的加速度

$$\left.\begin{array}{l} a_{S_2x} = -l_1\omega_1^2\cos\theta_1 - l_{BS_2}(\omega_2^2\cos\theta_2 + \alpha_2\sin\theta_2) \\ a_{S_2y} = -l_1\omega_1^2\sin\theta_1 - l_{BS_2}(\omega_2^2\sin\theta_2 - \alpha_2\cos\theta_2) \end{array}\right\} \tag{2-13}$$

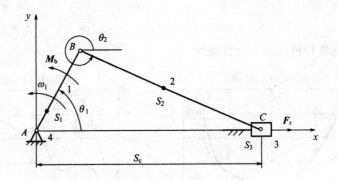

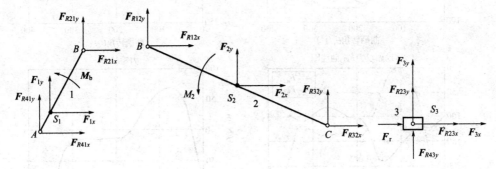

图 2-6　曲柄滑块机构受力分析

构件 3 质心 S_3 的加速度

$$\left. \begin{aligned} a_{S_3x} &= -l_1\omega_1^2\cos\theta_1 - l_2(\omega_2^2\cos\theta_2 + \alpha_2\sin\theta_2) \\ a_{S_3y} &= 0 \end{aligned} \right\} \tag{2-14}$$

由构件质心的加速度和构件的角加速度可以确定其惯性力和惯性力矩

$$\left. \begin{aligned} \boldsymbol{F}_{1x} &= -m_1 a_{S_1x}, & \boldsymbol{F}_{1y} &= -m_1 a_{S_1y} \\ \boldsymbol{F}_{2x} &= -m_2 a_{S_2x}, & \boldsymbol{F}_{2y} &= -m_2 a_{S_2y} \\ \boldsymbol{F}_{3x} &= -m_3 a_{S_3x}, & \boldsymbol{F}_{3y} &= -m_3 a_{S_3y} \\ \boldsymbol{M}_1 &= -J_{S_1}\alpha_1, & \boldsymbol{M}_2 &= -J_{S_2}\alpha_2 \end{aligned} \right\} \tag{2-15}$$

2. 平衡方程的建立

曲柄滑块机构有 3 个铰链，每个铰链受杆的作用分别有 x、y 方向的两个分力，另外还有一个移动副反力和一个待求的平衡力矩共 8 个未知量，需列出八个方程式求解。

如图 2-6 所示，对构件 1 进行受力分析，构件 1 受惯性力、构件 2 和构件 4 对它的作用力以及平衡力矩。对其质心 S_1 点取矩，根据 $\sum \boldsymbol{M}_{S_1}=0$、$\sum \boldsymbol{F}_x=0$ 和 $\sum \boldsymbol{F}_y=0$，写出如下平衡方程

$$\left. \begin{aligned} &\boldsymbol{M}_b - \boldsymbol{F}_{R12x}(y_{S_1}-y_B) - \boldsymbol{F}_{R12y}(x_B-x_{S_1}) - \boldsymbol{F}_{R14x}(y_{S_1}-y_A) - \boldsymbol{F}_{R14y}(x_A-x_{S_1}) = 0 \\ &-\boldsymbol{F}_{R12x} - \boldsymbol{F}_{R14x} = -\boldsymbol{F}_{1x} \\ &-\boldsymbol{F}_{R12y} - \boldsymbol{F}_{R14y} = -\boldsymbol{F}_{1y} \end{aligned} \right\} \tag{2-16}$$

同理，对构件 2 进行受力分析，并对其质心 S_2 点取矩，写出如下平衡方程

$$\left.\begin{array}{l}\boldsymbol{F}_{R12x}(y_{S_2}-y_B)+\boldsymbol{F}_{R12y}(x_B-x_{S_2})-\boldsymbol{F}_{R23x}(y_{S_2}-y_C)-\boldsymbol{F}_{R23y}(x_C-x_{S_2})=-\boldsymbol{M}_2\\ \boldsymbol{F}_{R12x}-\boldsymbol{F}_{R23x}=-\boldsymbol{F}_{2x}\\ \boldsymbol{F}_{R12y}-\boldsymbol{F}_{R23y}=-\boldsymbol{F}_{2y}\end{array}\right\}$$

$$(2\text{-}17)$$

同理，对构件 3 进行受力分析，根据 $\sum\boldsymbol{F}_x=0$ 和 $\sum\boldsymbol{F}_y=0$，写出如下平衡方程

$$\left.\begin{array}{l}\boldsymbol{F}_{R23x}=-\boldsymbol{F}_{3x}-\boldsymbol{F}_r\\ \boldsymbol{F}_{R23y}-\boldsymbol{F}_{R34y}=-\boldsymbol{F}_{3y}\end{array}\right\}$$

$$(2\text{-}18)$$

根据以上八个方程式可以解出运动副反力和平衡力矩等八个未知量，由于以上八个方程式都为线性方程，为便于 MATLAB 编程求解，将以上线性方程组合写成矩阵形式的平衡方程

$$\boldsymbol{CF}_R=\boldsymbol{D} \qquad\qquad (2\text{-}19)$$

式中，$\boldsymbol{C}$ 为系数矩阵；$\boldsymbol{F}_R$ 为未知力列阵；$\boldsymbol{D}$ 为已知力列阵。其中

$$\boldsymbol{C}=\begin{bmatrix}1 & -(y_{S_1}-y_B) & -(x_B-x_{S_1}) & -(y_{S_1}-y_A) & -(x_A-x_{S_1}) & 0 & 0 & 0\\ 0 & -1 & 0 & -1 & 0 & 0 & 0 & 0\\ 0 & 0 & -1 & 0 & -1 & 0 & 0 & 0\\ 0 & (y_{S_2}-y_B) & (x_B-x_{S_2}) & 0 & 0 & -(y_{S_2}-y_C) & -(x_C-x_{S_2}) & 0\\ 0 & 1 & 0 & 0 & 0 & -1 & 0 & 0\\ 0 & 0 & 1 & 0 & 0 & 0 & -1 & 0\\ 0 & 0 & 0 & 0 & 0 & 1 & 0 & 0\\ 0 & 0 & 0 & 0 & 0 & 0 & 1 & -1\end{bmatrix},$$

$$\boldsymbol{F}_R=\begin{bmatrix}\boldsymbol{M}_b\\ \boldsymbol{F}_{R12x}\\ \boldsymbol{F}_{R12y}\\ \boldsymbol{F}_{R14x}\\ \boldsymbol{F}_{R14y}\\ \boldsymbol{F}_{R23x}\\ \boldsymbol{F}_{R23y}\\ \boldsymbol{F}_{R34y}\end{bmatrix},\quad \boldsymbol{D}=\begin{bmatrix}0\\ -\boldsymbol{F}_{1x}\\ -\boldsymbol{F}_{1y}\\ -\boldsymbol{M}_2\\ -\boldsymbol{F}_{2x}\\ -\boldsymbol{F}_{2y}\\ -\boldsymbol{F}_{3x}-\boldsymbol{F}_r\\ -\boldsymbol{F}_{3y}\end{bmatrix}。$$

二、计算实例

【例 2-2】 在图 2-6 所示的曲柄滑块机构中，已知各构件的尺寸分别为 $l_1=400\text{mm}$，$l_2=1200\text{mm}$，$l_{AS_1}=200\text{mm}$，$l_{BS_2}=600\text{mm}$，$\omega_1=10\text{rad/s}$，各构件的质量及转动惯量分别为：$m_1=1.2\text{kg}$，$m_2=3.6\text{kg}$，$m_3=6\text{kg}$，$J_{S_2}=0.45\text{kg}\cdot\text{m}^2$，滑块 3 上作用外力 $\boldsymbol{F}_r=-1000\text{N}$，求各运动副中的反力及原动件 1 的平衡力矩 $\boldsymbol{M}_b$。

三、程序设计

曲柄滑块机构力分析程序 slider _ crank _ _ force 文件

* *

```
%1. 输入已知数据
clear;
l1=0.400;
l2=1.200;
las1=0.2;
lbs2=0.6;
m1=1.2;
m2=3.6;
m3=6;
g=10;
J2=0.45;
G1=m1*g;
G2=m2*g;
G3=m3*g;
Fr=-1000;
e=0;
hd=pi/180;
du=180/pi;
omega1=10;
alpha1=0;
```

%2. 曲柄滑块机构力平衡计算

```
for n1=1:360
    theta1(n1)=(n1-1)*hd;
```

% 调用函数 slider_crank 计算曲柄滑块机构位移,速度,加速度
```
[theta2(n1),s3(n1),omega2(n1),v3(n1),alpha2(n1),a3(n1)]=slider_crank(theta1(n1),omega1,al-
pha1,l1,l2,e);
```

% 计算各个质心点加速度
```
as1x(n1)=-las1*cos(theta1(n1))*omega1^2;
as1y(n1)=-las1*sin(n1*hd)*omega1^2;
as2x(n1)=-l1*omega1^2*cos(n1*hd)-lbs2*(omega2(n1)^2*cos(theta2(n1))+alpha2(n1)*
sin(theta2(n1)));    %质心 s2 在 x 轴的加速度
as2y(n1)=-l1*omega1^2*sin(n1*hd)-lbs2*(omega2(n1)^2*sin(theta2(n1))-alpha2(n1)*
cos(theta2(n1)));    %质心 s2 在 y 轴的加速度
```

% 计算各构件惯性力和惯性力矩
```
F1x(n1)=-as1x(n1)*m1;
F1y(n1)=-as1y(n1)*m1;
F2x(n1)=-as2x(n1)*m2;
F2y(n1)=-as2y(n1)*m2;
F3x(n1)=-a3(n1)*m3;
F3y(n1)=0;
FR43x(n1)=Fr;
```

```
M2(n1)= - alpha2(n1)*J2;

% 计算各个铰链点坐标,计算各个质心点坐标
xa=0;
ya=0;
xs1=las1*cos(n1*hd);
ys1=las1*sin(n1*hd);
xb=l1*cos(n1*hd);
yb=l1*sin(n1*hd);
xs2=xb+lbs2*cos(theta2(n1));
ys2=yb+lbs2*sin(theta2(n1));
xc=xb+l2*cos(theta2(n1));
yc=yb+l2*sin(theta2(n1));

 % 未知力系数矩阵
 A=zeros(8);
 A(1,1)=1;A(1,2)= - (ys1-yb);A(1,3)= - (xb-xs1);A(1,4)= - (ys1-ya);
 A(1,5)= - (xa-xs1);
 A(2,2)= - 1;A(2,4)= - 1;
 A(3,3)= - 1;A(3,5)= - 1;
 A(4,2)=(ys2-yb);A(4,3)=(xb-xs2);A(4,6)= - (ys2-yc);A(4,7)= - (xc-xs2);
 A(5,2)=1;A(5,6)= - 1;
 A(6,3)=1;A(6,7)= - 1;
 A(7,6)=1;
 A(8,7)=1;A(8,8)= - 1;

 %已知力列阵
 B=zeros(8,1);
 B(2)= - F1x(n1);
 B(3)= - F1y(n1)+G1;
 B(4)= - M2(n1);
 B(5)= - F2x(n1);
 B(6)= - F2y(n1)+G2;
 B(7)= - F3x(n1)+FR43x(n1);
 B(8)= - F3y(n1);
 C=A\B;
 Mb(n1)=C(1);Fr12x(n1)=C(2);Fr12y(n1)=C(3);Fr14x(n1)=C(4);Fr14y(n1)=C(5);
 Fr23x(n1)=C(6);Fr23y(n1)=C(7);Fr34y(n1)=C(8);
end

 %3. 曲柄滑块机构力分析图形输出

figure(2);
n1=1:360;
subplot(2,2,1);  %绘运动副反力 FR14 曲线图
plot(n1, Fr14x,'b');
```

```
hold on
plot(n1,Fr14y,'k--');
legend('F_R_1_4_x','F_R_1_4_y')
title('运动副反力 F_R_1_4 曲线图');
xlabel('曲柄转角 \theta_1/\circ')
ylabel('F/N')
grid on;

subplot(2,2,2);   %绘运动副反力 FR23 曲线图
plot(n1,Fr23x(n1),'b');
hold on
plot(n1,Fr23y(n1),'k--');
hold on
legend('F_R_2_3_x','F_R_2_3_y')
title('运动副反力 F_R_2_3 曲线图');
xlabel('曲柄转角 \theta_1/\circ')
ylabel('F/N')
grid on;

subplot(2,2,3);   %绘运动副反力 FR34 曲线图
plot(n1,Fr34y,'b');
hold on
legend('F_R_3_4_y')
title('运动副反力 F_R_3_4_y 曲线图');
xlabel('曲柄转角 \theta_1/\circ')
ylabel('F/N')
grid on;

subplot(2,2,4);       %绘平衡力矩 M_b 曲线图
plot(n1,Mb)
title('力矩 Mb 图')
xlabel('曲柄转角 \theta_1/\circ');
ylabel('M/N.m')
hold on;
grid on;
```

四、运算结果

图 2-7 为曲柄滑块机构的力分析线图。

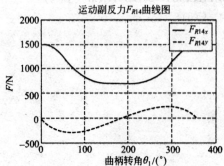
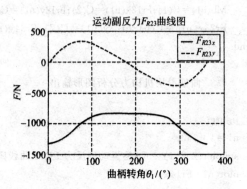

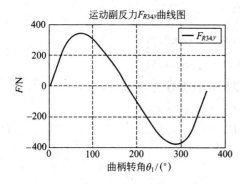
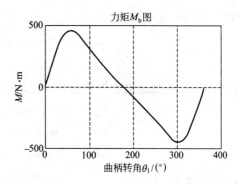

图 2-7　曲柄滑块机构力分析线图

第四节　导杆机构的力分析

在如图 2-8 所示的导杆机构中，已知各构件的尺寸和质心的位置、各构件的质量和转动惯量、原动件 1 的方位角 θ_1 和匀角速度 ω_1 以及构件 3 的工作阻力矩 M_r，求各运动副中的反力和原动件 1 上的平衡力矩 M_b。

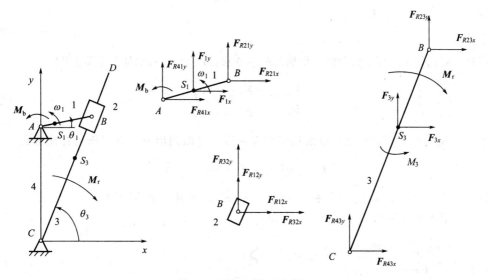

图 2-8　导杆机构受力分析

一、数学模型的建立

1. 惯性力和惯性力矩的计算

由第一章介绍的运动分析方法可求出导杆机构各构件的位移、速度和加速度，并可进一步计算出各构件质心的加速度。

构件 1 质心 S_1 的加速度

$$\left.\begin{aligned} a_{S_1x} &= -l_{AS_1}\omega_1^2\cos\theta_1 \\ a_{S_1y} &= -l_{AS_1}\omega_1^2\sin\theta_1 \end{aligned}\right\} \qquad (2\text{-}20)$$

构件 3 质心 S_3 的加速度

$$a_{S_3x} = -l_{CS_3}(\omega_3^2\cos\theta_3 + \alpha_3\sin\theta_3) \left.\begin{matrix}\\\\\end{matrix}\right\}$$
$$a_{S_3y} = -l_{CS_3}(\omega_3^2\sin\theta_3 - \alpha_3\cos\theta_3)$$
$$\tag{2-21}$$

由构件质心的加速度和构件的角加速度可以确定其惯性力和惯性力矩

$$F_{1x} = -m_1 a_{S_1x}, \quad F_{1y} = -m_1 a_{S_1y}$$
$$F_{3x} = -m_3 a_{S_3x}, \quad F_{3y} = -m_3 a_{S_3y} \left.\begin{matrix}\\\\\\\end{matrix}\right\}$$
$$M_3 = -J_{S_3}\alpha_3$$
$$\tag{2-22}$$

2. 平衡方程的建立

导杆机构有 4 个低副，每个运动副受杆的作用分别有 x、y 方向的两个分力，另外还有一个待求的平衡力矩共 9 个未知量，需列出九个方程式求解。

如图 2-8 所示，对构件 1 进行受力分析，构件 1 受惯性力、构件 2 和构件 4 对它的作用力以及平衡力矩。对其质心 S_1 点取矩，根据 $\sum \boldsymbol{M}_{S_1} = 0$、$\sum \boldsymbol{F}_x = 0$ 和 $\sum \boldsymbol{F}_y = 0$，写出如下平衡方程

$$\boldsymbol{M}_b - \boldsymbol{F}_{R12x}(y_{S_1} - y_B) - \boldsymbol{F}_{R12y}(x_B - x_{S_1}) - \boldsymbol{F}_{R14x}(y_{S_1} - y_A) - \boldsymbol{F}_{R14y}(x_A - x_{S_1}) = 0 \left.\begin{matrix}\\\\\\\end{matrix}\right\}$$
$$-\boldsymbol{F}_{R12x} - \boldsymbol{F}_{R14x} = -\boldsymbol{F}_{1x}$$
$$-\boldsymbol{F}_{R12y} - \boldsymbol{F}_{R14y} = -\boldsymbol{F}_{1y}$$
$$\tag{2-23}$$

同理，对构件 2 进行受力分析，根据 $\sum \boldsymbol{F}_x = 0$ 和 $\sum \boldsymbol{F}_y = 0$，写出如下平衡方程

$$\boldsymbol{F}_{R12x} - \boldsymbol{F}_{R23x} = 0 \left.\begin{matrix}\\\\\end{matrix}\right\}$$
$$\boldsymbol{F}_{R12y} - \boldsymbol{F}_{R23y} = 0$$
$$\tag{2-24}$$

这里强调一点，对滑块 2，根据几何约束条件，可以列出下列方程作为补充方程

$$\boldsymbol{F}_{R23x}\cos\theta_3 + \boldsymbol{F}_{R23y}\sin\theta_3 = 0 \tag{2-25}$$

同理，对构件 3 进行受力分析，对其质心 S_3 点取矩，根据 $\sum \boldsymbol{M}_{S_3} = 0$、$\sum \boldsymbol{F}_x = 0$ 和 $\sum \boldsymbol{F}_y = 0$，写出如下平衡方程

$$\boldsymbol{F}_{R23x} - \boldsymbol{F}_{R34x} = -\boldsymbol{F}_{3x} \left.\begin{matrix}\\\\\\\end{matrix}\right\}$$
$$-\boldsymbol{F}_{R34y} + \boldsymbol{F}_{R23y} = -\boldsymbol{F}_{3y}$$
$$\boldsymbol{F}_{R23x}(y_{S_3} - y_B) + \boldsymbol{F}_{R23y}(x_B - x_{S_3}) - \boldsymbol{F}_{R34x}(y_{S_3} - y_C) - \boldsymbol{F}_{R34y}(x_C - x_{S_3}) = -\boldsymbol{M}_3 + \boldsymbol{M}_r$$
$$\tag{2-26}$$

根据以上九个方程式可以解出各运动副反力和平衡力矩等九个未知量，由于以上九个方程式都为线性方程，为便于 MATLAB 编程求解，将以上线性方程组合写成矩阵形式的平衡方程

$$\boldsymbol{CF}_R = \boldsymbol{D} \tag{2-27}$$

式中，$\boldsymbol{C}$ 为系数矩阵；$\boldsymbol{F}_R$ 为未知力列阵；$\boldsymbol{D}$ 为已知力列阵。其中

$$C = \begin{bmatrix} -1 & 0 & -1 & 0 \\ 0 & -1 & 0 & -1 \\ -(y_{S_1}-y_A) & -(x_A-x_{S_1}) & -(y_{S_1}-y_B) & -(x_B-x_{S_1}) \\ 0 & 0 & 1 & 0 \\ 0 & 0 & 0 & 1 \\ 0 & 0 & 0 & 0 \\ 0 & 0 & 0 & 0 \\ 0 & 0 & 0 & 0 \\ 0 & 0 & 0 & 0 \end{bmatrix}$$

$$\begin{bmatrix} 0 & 0 & 0 & 0 & 0 \\ 0 & 0 & 0 & 0 & 0 \\ 0 & 0 & 0 & 0 & 1 \\ -1 & 0 & 0 & 0 & 0 \\ 0 & -1 & 0 & 0 & 0 \\ \cos\theta_3 & \sin\theta_3 & 0 & 0 & 0 \\ 1 & 0 & -1 & 0 & 0 \\ 0 & 1 & 0 & -1 & 0 \\ y_{S_3}-y_B & x_B-x_{S_3} & -(y_{S_3}-y_C) & -(x_C-x_{S_3}) & 0 \end{bmatrix},$$

$$F_R = \begin{bmatrix} F_{R14x} \\ F_{R14y} \\ F_{R12x} \\ F_{R12y} \\ F_{R23x} \\ F_{R23y} \\ F_{R34x} \\ F_{R34y} \\ M_b \end{bmatrix}, \quad D = \begin{bmatrix} -F_{1x} \\ -F_{1y} \\ 0 \\ 0 \\ 0 \\ 0 \\ -F_{3x} \\ -F_{3y} \\ -M_3+M_r \end{bmatrix}.$$

二、计算实例

【例 2-3】 在图 2-8 所示的导杆机构中，已知：$l_{AB}=400\text{mm}$，$l_{AC}=1000\text{mm}$，$l_{CD}=1600\text{mm}$，杆 AB 的质心在 A 点，质量 $m_1=1.2\text{kg}$，构件 3 的质心在中点 S_3，质量 $m_3=10\text{kg}$，绕点 S_3 的转动惯量 $J_{S_3}=2.2\text{kg}\cdot\text{m}^2$，工作时构件 3 受到的工作阻力矩 $M_r=100\text{N}\cdot\text{m}$，急回行程时不受阻力，构件 1 绕 A 轴以 $\omega_1=10\text{rad/s}$ 逆时针匀速转动，要求对该机构进行动态静力分析，求构件 1 上应加的平衡力矩和各运动副反力。

三、程序设计

导杆机构力分析程序 leader_force 文件

****

```
%1. 输入已知数据
clear;
l1=0.4;
l3=1.6;
l4=1
omega1=10;
hd=pi/180;
du=180/pi;
J3=2.2;
G3=98; G1=1.2*9.8;
g=9.8;
Mr=100;
m3=G3/g;   m1=G1/g;


%2. 导杆机构运动分析

%·················· 计算构件的位移及角位移·······························
for n1=1：400;
    theta1(n1)=n1*hd;
    s3(n1)=sqrt((l1*cos(theta1(n1)))*(l1*cos(theta1(n1))) + (l4 + l1*sin(theta1(n1)))*(l4 +
    l1*sin(theta1(n1))));
    %s3 表示滑块 2 相对于 CD 杆的位移
    theta3(n1)=acos((l1*cos(theta1(n1)))/s3(n1)); %theta3 表示杆 3 转过角度
end


%·················· 计算构件的角速度及速度·······························
for n1=1:400;
    A=[sin(theta3(n1)),s3(n1)*cos(theta3(n1));     %从动件位置参数矩阵
      - cos(theta3(n1)),s3(n1)*sin(theta3(n1))];
    B=[l1*cos(theta1(n1));l1*sin(theta1(n1))];         %原动件位置参数矩阵
    omega=A \ (omega1*B);
    v2(n1)=omega(1);        %滑块 2 的速度
    omega3(n1)=omega(2);       %构件 3 的角速度
    %·················· 计算构件的角加速度及加速度 ·················
    A=[sin(theta3(n1)),s3(n1)*cos(theta3(n1));        %从动件位置参数矩阵
      cos(theta3(n1)),-s3(n1)*sin(theta3(n1))];
    At=[omega3(n1)*cos(theta3(n1)),(v2(n1)*cos(theta3(n1)) - s3(n1)*omega3(n1)*sin(theta3
      (n1)));
      - omega3(n1)*sin(theta3(n1)),( - v2(n1)*sin(theta3(n1)) - s3(n1)*omega3(n1)*cos
      (theta3(n1)))];
    Bt=[ - l1*omega1*sin(theta1(n1)); - l1*omega1*cos(theta1(n1))];
    alpha=A \ ( - At*omega + omega1*Bt);   %机构从动件的加速度列阵
    a2(n1)=alpha(1);      %a2 表示滑块 2 的加速度
    alpha3(n1)=alpha(2);       %alpha3 表示杆 3 的角加速度
end
```

%3. 导杆机构力平衡计算

```
for n1=1:400;
    % 计算各个铰链点坐标
    xa=0;
    ya=l4;
    xb(n1)=l1*cos(theta1(n1));
    yb(n1)=l4+l1*sin(theta1(n1));
    xc=0;
    yc=0;
    % 计算各个质心点坐标
    xs3(n1)=l3*cos(theta3(n1))/2;
    ys3(n1)=l3*sin(theta3(n1))/2;
    % 计算各个质心点加速度
    a3x(n1)=-l3*(alpha3(n1)*sin(theta3(n1))+omega3(n1)^2*cos(theta3(n1)))/2;
    a3y(n1)=l3*(alpha3(n1)*cos(theta3(n1))-omega3(n1)^2*sin(theta3(n1)))/2;
    % 计算各构件惯性力和惯性力矩
    F3x(n1)=-m3*a3x(n1); F3y(n1)=-m3*a3y(n1);% 计算惯性力
    Mf3(n1)=-J3*alpha3(n1);            % 计算惯性力矩
    % 未知力系数矩阵
    C=zeros(9);
    C(1,1)=-1;            C(1,3)=-1;
    C(2,2)=-1;            C(2,4)=-1;
    C(3,3)=yb(n1)-ya;     C(3,4)=xa-xb(n1); C(3,9)=1
    C(4,3)=1;             C(4,5)=-1;
    C(5,4)=1;             C(5,6)=-1;
    C(6,5)=cos(theta3(n1));  C(6,6)=sin(theta3(n1));
    C(7,5)=1;             C(7,7)=-1;
    C(8,6)=1;             C(8,8)=-1;
    C(9,5)=ys3(n1)-yb(n1);   C(9,6)=xb(n1)-xs3(n1);
    C(9,7)=-(ys3(n1)-yc);    C(9,8)=-(xc-xs3(n1));    C(9,9)=0;
    % 已知力列阵
    D=[0;G1;0;0;0;0;-F3x(n1);-F3y(n1)+G3;Mr-Mf3(n1)];
    % 求未知力列阵
    FR=inv(C)*D;
    Fr14x(n1)=FR(1);
    Fr14y(n1)=FR(2);
    Fr12x(n1)=FR(3);
    Fr12y(n1)=FR(4);
    Fr23x(n1)=FR(5);
    Fr23y(n1)=FR(6);
    Fr34x(n1)=FR(7);
    Fr34y(n1)=FR(8);
    Mb(n1)=FR(9);
end
```

```
%4. 输出机构的力分析线图
figure(1);
n1=1:400;
    subplot(2,2,1);  %绘运动副反力 FR12  曲线图
    plot(n1,Fr12x,'b');
    hold on
    plot(n1,Fr12y,'k');
    legend('F_R_1_2_x','F_R_1_2_y')
    title('运动副反力 F_R_1_2 曲线图');
    xlabel('曲柄转角 \theta_1/\circ')
    ylabel('F/N')
    grid on;

    subplot(2,2,2);  %绘运动副反力 FR23 曲线图
    plot(n1,Fr23x(n1),'b');
    hold on
    plot(n1,Fr23y(n1),'k');
    hold on
    legend('F_R_2_3_x','F_R_2_3_y')
    title('运动副反力 F_R_2_3 曲线图');
    xlabel('曲柄转角 \theta_1/\circ')
    ylabel('F/N')
    grid on;

    subplot(2,2,3);  %绘运动副反力 FR34 曲线图
    plot(n1,Fr34x,'b');
    hold on
    plot(n1,Fr34y,'k');
    hold on
    legend('F_R_3_4_x','F_R_3_4_y')
    title('运动副反力 F_R_3_4 曲线图');
    xlabel('曲柄转角 \theta_1/\circ')
    ylabel('F/N')
    grid on;

    subplot(2,2,4);  %绘平衡力矩 Mb 曲线图
    plot(n1,Mb)
    title('力矩 Mb 图')
    xlabel('曲柄转角 \theta_1/\circ');
    ylabel('M/N.m')
    hold on;
    grid on;
    text(100,1.9*10^6,'Mb')
```

四、运算结果

图 2-9 为导杆机构的力分析线图。

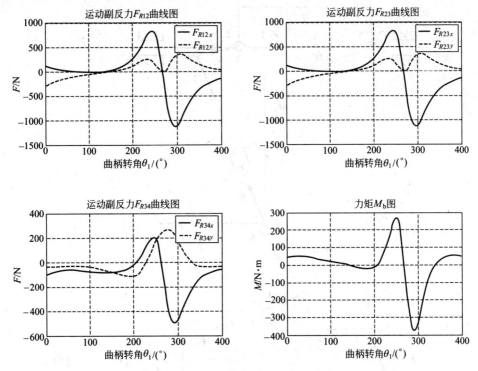

图 2-9　导杆机构力分析线图

第五节 **六杆机构的力分析**

　　六杆机构的力分析以牛头刨床主运动机构为例进行研究。在如图 1-8 和图 2-10 所示的牛头刨床主运动机构中，已知各构件的尺寸和质心的位置、各构件的质量和转动惯量、原动件 1 的方位角 θ_1 和匀角速度 ω_1 以及构件 5 的切削阻力 $\boldsymbol{F}_\mathrm{r}$，求各运动副中的反力和原动件 1 上的平衡力矩 $\boldsymbol{M}_\mathrm{b}$。

一、数学模型的建立

1. 惯性力和惯性力矩的计算

　　由第一章介绍的运动分析方法可求出牛头刨床主运动机构各构件的位移、速度和加速度，并可进一步计算出各构件质心的加速度。

　　构件 1 质心 S_1 的加速度

$$\left.\begin{array}{l} a_{S_1x}=-l_{AS_1}\omega_1^2\cos\theta_1 \\ a_{S_1y}=-l_{AS_1}\omega_1^2\sin\theta_1 \end{array}\right\} \tag{2-28}$$

　　构件 3 质心 S_3 的加速度

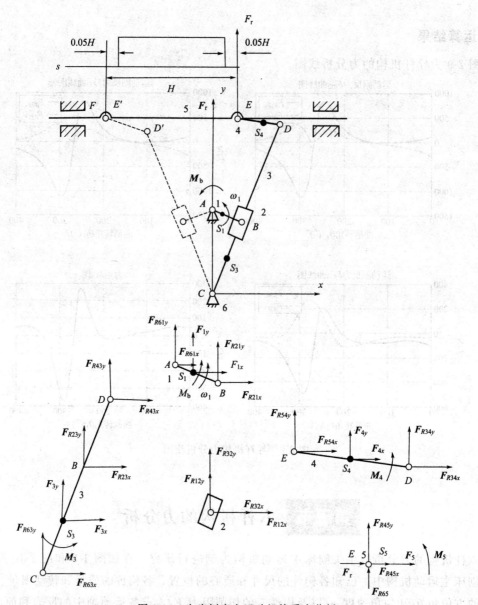

图 2-10 牛头刨床主运动机构受力分析

$$a_{S_3x} = -l_{CS_3}(\omega_3^2\cos\theta_3 + \alpha_3\sin\theta_3) \atop a_{S_3y} = -l_{CS_3}(\omega_3^2\sin\theta_3 - \alpha_3\cos\theta_3)\Bigg\} \qquad (2\text{-}29)$$

构件 4 质心 S_4 的加速度

$$a_{S_4x} = -l_3(\omega_3^2\cos\theta_3 + \alpha_3\sin\theta_3) - l_{CS_4}(\omega_4^2\cos\theta_4 + \alpha_4\sin\theta_4) \atop a_{S_4y} = -l_3(\omega_3^2\sin\theta_3 - \alpha_3\cos\theta_3) - l_{CS_4}(\omega_4^2\sin\theta_4 - \alpha_4\cos\theta_4)\Bigg\} \qquad (2\text{-}30)$$

由构件质心的加速度和构件的角加速度可以确定其惯性力和惯性力矩

$$\begin{aligned} &\mathbf{F}_{1x} = -m_1 a_{S_1x}, \mathbf{F}_{1y} = -m_1 a_{S_1y} \\ &\mathbf{F}_{3x} = -m_3 a_{S_3x}, \mathbf{F}_{3y} = -m_3 a_{S_3y} \\ &\mathbf{F}_{4x} = -m_4 a_{S_4x}, \mathbf{F}_{4y} = -m_4 a_{S_4y} \\ &\mathbf{F}_5 = -m_5 a_E \\ &\mathbf{M}_3 = -J_{S_3}\alpha_3, \mathbf{M}_4 = -J_{S_4}\alpha_4 \end{aligned}\Bigg\} \qquad (2\text{-}31)$$

2. 平衡方程的建立

图 2-10 表示出了牛头刨床主运动机构的受力情况，$\boldsymbol{M}_b$ 为加在构件 1 上的平衡力矩，根据前述的方法，建立各个构件的力平衡方程。

构件 1 受构件 2 和机架 6 对它的作用力以及平衡力矩。对 S_1 点取矩，根据 $\sum \boldsymbol{M}_{S_1}=0$、$\sum \boldsymbol{F}_x=0$ 和 $\sum \boldsymbol{F}_y=0$，写出如下平衡方程

$$\left.\begin{aligned}
&-\boldsymbol{F}_{R16x}-\boldsymbol{F}_{R12x}=-\boldsymbol{F}_{1x}\\
&-\boldsymbol{F}_{R16y}-\boldsymbol{F}_{R12y}=-\boldsymbol{F}_{1y}\\
&-\boldsymbol{F}_{R16x}(y_{S_1}-y_A)-\boldsymbol{F}_{R16y}(x_A-x_{S_1})-(y_{S_1}-y_B)\boldsymbol{F}_{R12x}-(x_B-x_{S_1})\boldsymbol{F}_{R12y}+\boldsymbol{M}_b=0
\end{aligned}\right\} \tag{2-32}$$

同理，对构件 2 进行受力分析，写出如下平衡方程

$$\left.\begin{aligned}
\boldsymbol{F}_{R12x}-\boldsymbol{F}_{R23x}=0\\
\boldsymbol{F}_{R12y}-\boldsymbol{F}_{R23y}=0
\end{aligned}\right\} \tag{2-33}$$

对构件 2，根据几何约束条件，可以列出下列方程作为补充方程

$$\boldsymbol{F}_{R23x}\cos\theta_3+\boldsymbol{F}_{R23y}\sin\theta_3=0 \tag{2-34}$$

同理，对构件 3 进行受力分析，并对质心 S_3 点取矩，写出如下平衡方程

$$\left.\begin{aligned}
&-\boldsymbol{F}_{R36x}-\boldsymbol{F}_{R34x}+\boldsymbol{F}_{R23x}=-\boldsymbol{F}_{3x}\\
&-\boldsymbol{F}_{R36y}-\boldsymbol{F}_{R34y}+\boldsymbol{F}_{R23y}=-\boldsymbol{F}_{3y}\\
&-(y_{S_3}-y_C)\boldsymbol{F}_{R36x}-(x_C-x_{S_3})\boldsymbol{F}_{R36y}+(y_{S_3}-y_B)\boldsymbol{F}_{R23x}+(x_B-x_{S_3})\boldsymbol{F}_{R23y}-\\
&(y_{S_3}-y_D)\boldsymbol{F}_{R34x}-(x_D-x_{S_3})\boldsymbol{F}_{R34y}=-\boldsymbol{M}_3
\end{aligned}\right\} \tag{2-35}$$

同理，对构件 4 进行受力分析，并对质心 S_4 点取矩，写出如下平衡方程

$$\left.\begin{aligned}
&\boldsymbol{F}_{R34x}-\boldsymbol{F}_{R45x}=-\boldsymbol{F}_{4x}\\
&\boldsymbol{F}_{R34y}-\boldsymbol{F}_{R45y}=-\boldsymbol{F}_{4y}\\
&(y_{S_4}-y_D)\boldsymbol{F}_{R34x}+(x_D-x_{S_4})\boldsymbol{F}_{R34y}-(y_{S_4}-y_E)\boldsymbol{F}_{R45x}-(x_E-x_{S_4})\boldsymbol{F}_{R45y}=-\boldsymbol{M}_4
\end{aligned}\right\} \tag{2-36}$$

对构件 5，由于导路对其只产生一个垂直反力，但力作用点未知。可以这样处理，把其反力向质心 S_5 简化，可得一反力 $\boldsymbol{F}_{R65}$ 和一反力偶矩 $\boldsymbol{M}_5$，其中 x_{S_5} 为点 E 与构件 5 质心的距离。而构件 5 运动时所受切削阻力为 $\boldsymbol{F}_r$，如图 2-10 所示。其仅在向左运动，即切削工件时才受到切削阻力。写出构件 5 如下平衡方程

$$\left.\begin{aligned}
&\boldsymbol{F}_{R45x}=-\boldsymbol{F}_5-\boldsymbol{F}_r\\
&\boldsymbol{F}_{R45y}-\boldsymbol{F}_{R56}=0\\
&\boldsymbol{F}_{R45y}x_{S_5}+\boldsymbol{M}_5=0
\end{aligned}\right\} \tag{2-37}$$

　　将上述各构件的 15 个平衡方程式，整理成以运动副反力和平衡力矩为未知量的线性方程组，并合写成矩阵形式的平衡方程

$$CF_R = D \tag{2-38}$$

式中，C 为系数矩阵；F_R 为未知力列阵；D 为已知力列阵。其中

$$
C = \begin{bmatrix}
0 & -1 & 0 & -1 & 0 & 0 & 0 & 0 & 0 & 0 & 0 & 0 & 0 & 0 & 0 \\
0 & 0 & -1 & 0 & -1 & 0 & 0 & 0 & 0 & 0 & 0 & 0 & 0 & 0 & 0 \\
1 & y_A-y_{S_1} & x_{S_1}-x_A & y_B-y_{S_1} & x_{S_1}-x_B & 0 & 0 & 0 & 0 & 0 & 0 & 0 & 0 & 0 & 0 \\
0 & 0 & 0 & 1 & 0 & -1 & 0 & 0 & 0 & 0 & 0 & 0 & 0 & 0 & 0 \\
0 & 0 & 0 & 0 & 1 & 0 & -1 & 0 & 0 & 0 & 0 & 0 & 0 & 0 & 0 \\
0 & 0 & 0 & 0 & 0 & \cos\theta_3 & \sin\theta_3 & 0 & 0 & 0 & 0 & 0 & 0 & 0 & 0 \\
0 & 0 & 0 & 0 & 0 & 1 & 0 & -1 & 0 & -1 & 0 & 0 & 0 & 0 & 0 \\
0 & 0 & 0 & 0 & 0 & 0 & 1 & 0 & -1 & 0 & -1 & 0 & 0 & 0 & 0 \\
0 & 0 & 0 & 0 & 0 & y_{S_3}-y_B & x_B-x_{S_3} & y_C-y_{S_3} & x_{S_3}-x_C & y_D-y_{S_3} & x_{S_3}-x_D & 0 & 0 & 0 & 0 \\
0 & 0 & 0 & 0 & 0 & 0 & 0 & 0 & 0 & 1 & 0 & -1 & 0 & 0 & 0 \\
0 & 0 & 0 & 0 & 0 & 0 & 0 & 0 & 0 & 0 & 1 & 0 & -1 & 0 & 0 \\
0 & 0 & 0 & 0 & 0 & 0 & 0 & 0 & 0 & y_{S_4}-y_D & x_D-x_{S_4} & y_E-y_{S_4} & x_{S_4}-x_E & 0 & 0 \\
0 & 0 & 0 & 0 & 0 & 0 & 0 & 0 & 0 & 0 & 0 & 1 & 0 & 0 & 0 \\
0 & 0 & 0 & 0 & 0 & 0 & 0 & 0 & 0 & 0 & 0 & 0 & 1 & -1 & 0 \\
0 & 0 & 0 & 0 & 0 & 0 & 0 & 0 & 0 & 0 & 0 & 0 & x_{S_5} & 0 & 1
\end{bmatrix},
$$

$$
F_R = \begin{bmatrix} M_b \\ F_{R16x} \\ F_{R16y} \\ F_{R12x} \\ F_{R12y} \\ F_{R23x} \\ F_{R23y} \\ F_{R36x} \\ F_{R36y} \\ F_{R34x} \\ F_{R34y} \\ F_{R45x} \\ F_{R45y} \\ F_{R56} \\ M_5 \end{bmatrix}, \quad
D = \begin{bmatrix} -F_{1x} \\ -F_{1y} \\ 0 \\ 0 \\ 0 \\ 0 \\ -F_{3x} \\ -F_{3y} \\ -M_3 \\ -F_{4x} \\ -F_{4y} \\ -M_4 \\ -F_5 - F_r \\ 0 \\ 0 \end{bmatrix} \text{。}
$$

二、计算实例

【例 2-4】 如图 1-8 和图 2-10 所示，已知牛头刨床主运动机构各构件的尺寸为：$l_1 =$ 125mm，$l_3 = 600$mm，$l_4 = 150$mm，$l_6 = 275$mm，$l'_6 = 575$mm，原动件 1 以角速度 $\omega_1 =$ 1rad/s 逆时针转动，构件 1、2 质量忽略不计，设构件 3、4、5 的质量分别为 $m_3 = 20$kg，$m_4 = 3$kg，$m_5 = 62$kg，各杆的质心都在杆的中点处，对应的转动惯量为 $J_3 = 0.12$kg·m²，$J_4 = 0.00025$kg·m²，且构件 5 在向左运动时受到大小为 5880N 的切削阻力。试求出各运动副中的反力及平衡力矩。

三、程序设计

牛头刨床主运动机构力分析程序 six_bar_force 文件。

* *

```
%1. 输入已知数据
clear;
l1=0.125;
l3=0.600;
l4=0.150;
l6=0.275;
l61=0.575;
omega1=1;
hd=pi/180;
du=180/pi;
H=0.5454;                        %刨刀行程
sEmax=0.1283;   sEmin=-0.4171;   %刨刀往复运动的最大值和最小值
J3=0.12; J4=0.00025;
G3=196; G4=29.4;   G5=607.6;
```

```matlab
g=9.8;
m3=G3/g;  m4=G4/g;  m5=G5/g;
Fr=5880;                        %切削阻力


%2. 牛头刨床机构运动分析
%--------------- 计算构件的位移及角位移---------------
for n1=1:459;
    theta1(n1)= - 2 * pi + 5.8119 + n1 * hd;
    s3(n1)=sqrt((l1 * cos(theta1(n1))) * (l1 * cos(theta1(n1))) + (l6 + l1 * sin(theta1(n1))) * (l6 +
    l1 * sin(theta1(n1))));      %s3 表示滑块 2 相对于 CD 杆的位移
    theta3(n1)=acos((l1 * cos(theta1(n1)))/s3(n1));   %theta3 表示杆 3 转过角度
    theta4(n1)=pi-asin((l61 - l3 * sin(theta3(n1)))/l4);   %theta4 表示杆 4 转过角度
    sE(n1)=l3 * cos(theta3(n1)) + l4 * cos(theta4(n1));   %sE 表示杆 5 的位移
end
%---------------计算构件的角速度及速度---------------
for n1=1:459;
    A=[sin(theta3(n1)),s3(n1) * cos(theta3(n1)),0,0     %从动件位置参数矩阵
       -cos(theta3(n1)),s3(n1) * sin(theta3(n1)),0,0;
       0,l3 * sin(theta3(n1)),l4 * sin(theta4(n1)),1;
       0,l3 * cos(theta3(n1)),l4 * cos(theta4(n1)),0];
    B=[l1 * cos(theta1(n1));l1 * sin(theta1(n1));0;0];      %原动件位置参数矩阵


    omega=A \ (omega1 * B);
    v2(n1)=omega(1);           %滑块 2 的速度
    omega3(n1)=omega(2);       %构件 3 的角速度
    omega4(n1)=omega(3);       %构件 4 的角速度
    vE(n1)=omega(4);           %构件 5 的速度
%--------------- 计算构件的角加速度及加速度 ---------------
    A=[sin(theta3(n1)),s3(n1) * cos(theta3(n1)),0,0;
       cos(theta3(n1)),-s3(n1) * sin(theta3(n1)),0,0;
       0,l3 * sin(theta3(n1)),l4 * sin(theta4(n1)),1;
       0,l3 * cos(theta3(n1)),l4 * cos(theta4(n1)),0];   %从动件位置参数矩阵
    At=[omega3(n1) * cos(theta3(n1)),(v2(n1) * cos(theta3(n1)) - s3(n1) * omega3(n1) * sin(theta3
       (n1))),0,0;
       -omega3(n1) * sin(theta3(n1)),( - v2(n1) * sin(theta3(n1)) - s3(n1) * omega3(n1) * cos
       (theta3(n1))),0,0;
       0,l3 * omega3(n1) * cos(theta3(n1)),l4 * omega4(n1) * cos(theta4(n1)),0;
       0, - l3 * omega3(n1) * sin(theta3(n1)), - l4 * omega4(n1) * sin(theta4(n1)),0];
    Bt=[ - l1 * omega1 * sin(theta1(n1)); - l1 * omega1 * cos(theta1(n1));0;0];
    alpha=A \ ( - At * omega + omega1 * Bt);        %机构从动件的加速度列阵
    a2(n1)=alpha(1);        %a2 表示滑块 2 的加速度
    alpha3(n1)=alpha(2);    %alpha3 表示杆 3 的角加速度
    alpha4(n1)=alpha(3);    %alpha4 表示杆 4 的角加速度
    aE(n1)=alpha(4);        %构件 5 的加速度
```

```
end

%3. 牛头刨床机构力平衡计算
for n1=1:459;
    % 计算各个铰链点坐标
    xa=0;
    ya=l6;
    xb(n1)=l1*cos(theta1(n1));
    yb(n1)=l6+l1*sin(theta1(n1));
    xc=0;
    yc=0;
    xd(n1)=l3*cos(theta3(n1));
    yd(n1)=l3*sin(theta3(n1));
    xe(n1)=sE(n1);
    ye=l61;
    % 计算各个质心点坐标
    xs3(n1)=(xc+xd(n1))/2; ys3(n1)=(yc+yd(n1))/2;
    xs4(n1)=(xd(n1)+xe(n1))/2; ys4(n1)=(yd(n1)+ye)/2;
    xs5=0.15;
    % 计算各个质心点加速度
    a3x(n1)=-l3*(alpha3(n1)*sin(theta3(n1))+omega3(n1)^2*cos(theta3(n1)))/2;
    a3y(n1)=l3*(alpha3(n1)*cos(theta3(n1))-omega3(n1)^2*sin(theta3(n1)))/2;
    adx=-l3*(alpha3(n1)*sin(theta3(n1))+omega3(n1)^2*cos(theta3(n1)));
    ady=l3*(alpha3(n1)*cos(theta3(n1))-omega3(n1)^2*sin(theta3(n1)));
    a4x(n1)=adx-l4*(alpha4(n1)*sin(theta4(n1))+omega4(n1)^2*cos(theta4(n1)))/2;
    a4y(n1)=ady+l4*(alpha4(n1)*cos(theta4(n1))-omega4(n1)^2*sin(theta4(n1)))/2;
    a5(n1)=aE(n1);
    % 计算各构件惯性力和惯性力矩
    F3x(n1)=-m3*a3x(n1); F3y(n1)=-m3*a3y(n1);% 计算惯性力
    F4x(n1)=-m4*a4x(n1); F4y(n1)=-m4*a4y(n1);
    F5(n1)=-m5*a5(n1);
    Mf3(n1)=-J3*alpha3(n1);      % 计算惯性力矩
    Mf4(n1)=-J4*alpha4(n1);
    % 未知力系数矩阵
    xya=zeros(15);
    xya(1,2)=-1;              xya(1,4)=-1;
    xya(2,3)=-1;              xya(2,5)=-1;
    xya(3,1)=1;               xya(3,4)=yb(n1)-ya;   xya(3,5)=xa-xb(n1);
    xya(4,4)=1;               xya(4,6)=-1;
    xya(5,5)=1;               xya(5,7)=-1;
    xya(6,6)=cos(theta3(n1)); xya(6,7)=sin(theta3(n1));
    xya(7,6)=1;               xya(7,8)=-1          xya(7,10)=-1;
    xya(8,7)=1;               xya(8,9)=-1;         xya(8,11)=-1;
    xya(9,6)=ys3(n1)-yb(n1);                       xya(9,7)=xb(n1)-xs3(n1);
```

```
xya(9,8)=-(ys3(n1)-yc);    xya(9,9)=-(xc-xs3(n1)); xya(9,10)=yd(n1)-ys3(n1);
xya(9,11)=xs3(n1)-xd(n1);
xya(10,10)=1;              xya(10,12)=-1;
xya(11,11)=1;              xya(11,13)=-1;
xya(12,10)=ys4(n1)-yd(n1);                         xya(12,11)=xd(n1)-xs4(n1);
xya(12,12)=ye-ys4(n1);     xya(12,13)=xs4(n1)-xe(n1);
xya(13,12)=1;
xya(14,13)=1;              xya(14,14)=-1;
xya(15,13)=xs5;            xya(15,15)=1;
% 已知力列阵
if vE(n1)<0&sE(n1)>=(sEmin+0.05*H)&sE(n1)<=(sEmax-0.05*H)
    D=[0;0;0;0;0;0;-F3x(n1);-F3y(n1)+G3;-Mf3(n1);-F4x(n1);-F4y(n1)+G4;-Mf4
    (n1);-Fr-F5(n1);G5;0;];
else
    D=[0;0;0;0;0;0;-F3x(n1);-F3y(n1)+G3;-Mf3(n1);-F4x(n1);-F4y(n1)+G4;-Mf4(n1);-
    F5(n1);G5;0;];
end
% 求未知力列阵
FR=inv(xya)*D;
Md(n1)=FR(1);
FR16x(n1)=FR(2);
FR16y(n1)=FR(3);
FR34x(n1)=FR(10);
FR34y(n1)=FR(11);
FR65(n1)=FR(14);
M5(n1)=FR(15);
end
%4. 输出机构的力分析线图
figure(1);
n1=1:459;
t=(n1-1)*2*pi/360;
subplot(2,2,1);    %绘平衡力矩图
plot(t,Md);
grid on;
hold on;
axis auto;
title('平衡力矩 M_b');
xlabel('时间/s')
ylabel('力矩/N\cdotm')
hold on;
grid on;
text(3.2,880,'M_b')
subplot(2,2,2);    %绘 A 处 x 方向约束反力图
plot(t,FR16x,'-');
```

```
grid on;
hold on;
axis auto;
title('转动副 A 处约束反力 F_R_1_6_x 和 F_R_1_6_y');
xlabel('时间/s')
ylabel('力/N')
hold on;
grid on;
text(2.1,9800,'F_R_1_6_x')
plot(t,FR16y,'r-.');   %绘 A 处 y 方向约束反力图
grid on;
hold on;
text(2.1,2560,'F_R_1_6_y')
subplot(2,2,3);   %绘移动副 F 约束反力图
plot(t,-FR65);
grid on;
hold on;
axis auto;
title('移动副 F 处约束反力 F_R_6_5');
xlabel('时间/s')
ylabel('力/N')
grid on;
hold on;
text(2.3,1600,'F_R_6_5')
subplot(2,2,4);   %牛头刨床图形输出
plot(t,FR34x,'-');
grid on;
hold on;
axis auto;
title('转动副 D 处约束反力 F_R_3_4_x 和 F_R_3_4_y');
xlabel('时间/s')
ylabel('力/N')
hold on;
grid on;
text(1.1,-5500,'F_R_3_4_x')
plot(t,FR34y,'r-.');
grid on;
hold on;
text(1.1,320,'F_R_3_4_y')
```

四、运算结果

图 2-11 为牛头刨床主运动机构力分析线。

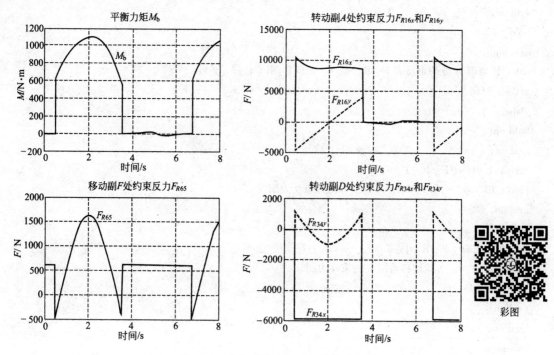

图 2-11　牛头刨床主运动机构力分析线

习　　题

2-1　在图示的曲柄摇块机构中，已知各构件的尺寸为：$l_{AB}=100$mm，$l_{AC}=200$mm，$l_{BS_2}=86$mm；连杆的质量 $m_2=20$kg，连杆对质心 S_2 的转动惯量 $J_{S2}=0.074$kg·m²；曲柄以匀角速度 $\omega_1=40$rad/s 转动，试求在一个运动循环中，各运动副中反力的变化曲线及加在原动件 1 上的平衡力矩的变化曲线。

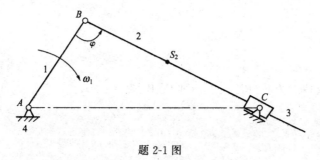

题 2-1 图

2-2　在图示的消防梯升降机构中，已知 $l_{BB'}=0.2$m，$l_{AB'}=0.4$m，$l_{AS_2}=1.5$m，$x_C=y_A=0.8$m，载荷 $Q=3000$N，$\varphi=0°\sim80°$。试求应加于油缸活塞上的平衡力 P_b。

2-3　在图示机构中，已知：两齿轮的模数 $m=2$mm，$Z_1=38$，$Z_4=64$，$\alpha=20°$，$l_{AB}=25$mm，$l_{BC}=127$mm，$l_{DC}=76$mm，$l_{DE}=50$mm，$\varphi_1=30°$，设 ω_1 为顺时针方向，设作用在构件 3 上的总惯性力 $P_3=450$N，$l_{CF}=20$mm，其余构件上的惯性力以及各构件的重力均忽略不计，求需加于构件 1 上的平衡力矩及各运动副中的反力。

2-4　在图示机构中，已知 $x=110$mm，$y=40$mm，$\varphi_1=45°$，$l_{AB}=30$mm，$l_{BC}=71$mm，$l_{CD}=35.5$mm，$l_{DE}=28$mm，$l_{BS_2}=35.5$mm，$\omega_1=10$rad/s，$m_2=2$kg，$J_{S2}=0.008$kg·m²。假定构件 1、3、4 及 5 上的惯性力和各构件的重力均忽略不计，设构件 5 作用着生产阻力 $P_r=500$N，$l_{EF}=20$mm，试求各

运动副中的反力及需加于构件 1 上的平衡力矩 M_b。

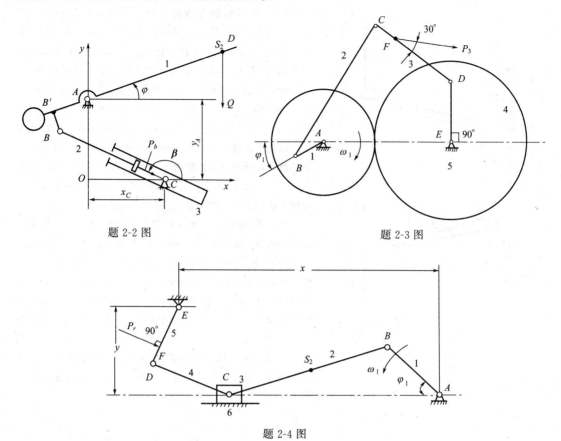

题 2-2 图   题 2-3 图

题 2-4 图

2-5 在图示的摇摆送进机构中，已知 $a=90\text{mm}$，$b=170\text{mm}$，各构件的尺寸：$l_{AB}=80\text{mm}$，$l_{BC}=260\text{mm}$，$l_{DE}=400\text{mm}$，$l_{CE}=100\text{mm}$，$l_{EF}=460\text{mm}$；各构件的重力：$G_1=36\text{N}$，$G_2=60\text{N}$，$G_3=72\text{N}$，$G_4=85\text{N}$；各构件质心的位置：S_1 在点 A，S_2 在 BC 中点，S_3 在点 C，S_4 在 EF 中点，S_5 在 F 点；又各构件对过其质心轴的转动惯量为：$J_1=0.3\text{kg}\cdot\text{m}^2$，$J_2=0.08\text{kg}\cdot\text{m}^2$，$J_3=0.1\text{kg}\cdot\text{m}^2$，$J_4=0.12\text{kg}\cdot\text{m}^2$，而滑块上的水平生产阻抗力为 $P_r=4000\text{N}$，曲柄 AB 的转速为 $n_1=400\text{r/min}$，试求在 $\varphi_1=90°$时各运动副

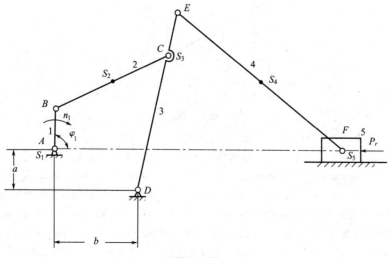

题 2-5 图

中的反力和需加于原动件 AB 上的平衡力矩 M_b。

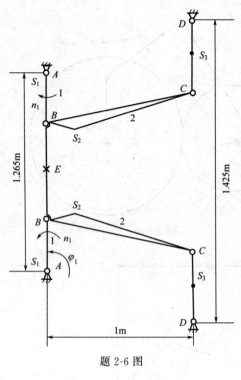

题 2-6 图

2-6 在图示的飞剪机剪切机构中，已知曲柄 1 长 $l_{AB}=0.32$m，其质量 $m_1=60$kg，质心 S_1 在 A 点，转动惯量 $J_{S_1}=0.6$kg·m²；连杆 2 长 $l_{BC}=1.015$m，E 点位于剪切力的作用点，$l_{BE}=0.36$m，$\angle EBC=98°$，质量 $m_2=1180$kg，质心 S_2 位于 $l_{CS_2}=0.82$m 处，$l_{BS_2}=0.21$m 处，$J_{S_2}=9.82$kg·m²；构件 3 的长 $l_{CD}=0.47$m，质量 $m_3=162$kg，转动惯量 $J_{S_3}=1.5$kg·m²，质心 S_3 位于 CD 的中点，曲柄的转速 $n_1=40$r/min，方向如图所示，其他尺寸如图所示，剪刃所受的阻力 p_r 与剪刃垂直，即平行于 EB，$p_r=17500$N。试求当 $\varphi_1=107.75°$ 时，运动副中的反力和应加于曲柄 AB 上的平衡力矩。

2-7 图示为插床导杆机构，主动杆 AB 以匀角速度 $\omega_1=1$rad/s 逆时针旋转，各杆长度如下：$l_{AB}=200$mm，$l_{AC}=350$mm，$l_{CF}=500$mm，$l_{EF}=400$mm，$l_{OC}=300$mm；杆的质量分别为：$m_3=20$kg，$m_4=15$kg，$m_5=62$kg；AB 的质心 S_1 在 A 处，杆 3 的质心 S_3 距 F 点 100mm，EF 的质心 S_4 距 F 点 300mm，各构件对于质心的转动惯量分别为 $J_3=0.11$kg·m²，$J_4=0.18$kg·m²，5 处受到的工作阻力 $F_r=8010$N。试计算各杆的角位移、角速度及角加速度，并对该机构进行动态静力分析，求出各运动副中的反

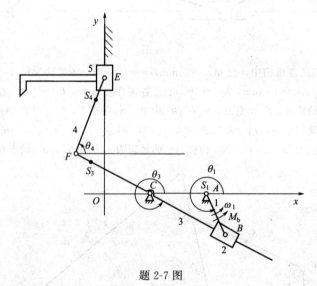

题 2-7 图

力和应该加于杆 AB 上的平衡力矩 M_b，并绘制出运动线图。

2-8 在图示的矿石破碎机中，已知各构件尺寸为：$l_{AB}=100$mm，$l_{BC}=460$mm，$l_{CD}=250$mm，$l_{BE}=460$mm，$l_{EF}=265$mm，$l_{FG}=670$mm，$x_D=300$m，$y_D=500$mm，$x_G=430$mm，$y_G=210$mm，各构件质心尺寸为：$l_{BS_2}=300$mm，$\delta_1=30°$，$\delta_2=15°$，$l_{DS_3}=110$mm，$l_{GS_6}=500$mm，$l_{ES_5}=130$mm，构件 1 的质心在 A 点。各构件质量分别为：$m_1=2.0$kg，$m_2=9.0$kg，$m_3=4.5$kg，$m_4=5.0$kg，$m_5=15.0$kg；各构件绕其质心的转动惯量为：$J_1=0.0015$kg·m²，$J_2=0.065$kg·m²，$J_3=0.017$kg·m²，$J_4=0.03$kg·m²，$J_5=0.5$kg·m²；当曲柄转角处于 $90°\leqslant\varphi_1\leqslant210°$ 的范围内，矿石阻力为 300N，集中垂直作用于构件 6 的质心 S_6 处，曲柄 1 以匀角速度 $\omega_1=20$rad/s 逆时针方向转动，计算各运动副中的反力和作用在曲柄上的

平衡力矩。

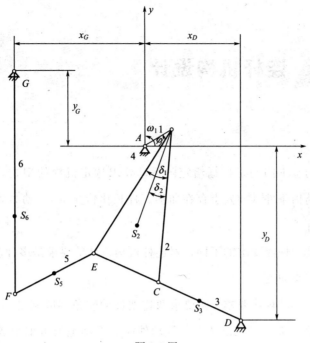

题 2-8 图

第三章 连杆机构设计

连杆机构设计的基本问题是根据给定的运动要求选定机构的型式，并确定各构件的尺寸，同时还要满足结构条件（如要求存在曲柄、杆长比恰当等）、动力条件（如适当的传动角）和运动连续条件等。

根据机械的用途和性能要求的不同，对连杆机构设计的要求是多种多样的，但这些设计要求可归纳为以下三类问题。

（1）满足预定的运动规律要求。如要求两连架杆的转角能够满足预定的对应位置关系；或要求在原动件运动规律一定的条件下，从动件能够准确地或近似地满足预定的运动规律要求。

（2）满足预定的连杆位置要求，即要求连杆能占据一系列的预定位置。因这类设计问题要求机构能引导连杆按一定方位通过预定位置，故又称为刚体导引问题。

（3）满足预定的轨迹要求，即要求在机构运动过程中，连杆上某些点的轨迹能符合预定的轨迹要求。

第一节 铰链四杆机构类型判断

在图 3-1 所示的平面铰链四杆机构中，已知各构件的尺寸，要求判断四杆机构的类型。

一、数学模型的建立

在图 3-1 所示的平面铰链四杆机构中，依其两个连架杆能否做整周回转，而被区分为三种基本类型：

曲柄摇杆机构，如图（a）所示，有一个连架杆能做整周回转；

双曲柄机构，如图（b）、图（c）所示，两个连架杆都能做整周回转，其中图（c）又称作平行四边形机构；

双摇杆机构，如图（d）所示，两个连架杆都不能做整周回转。

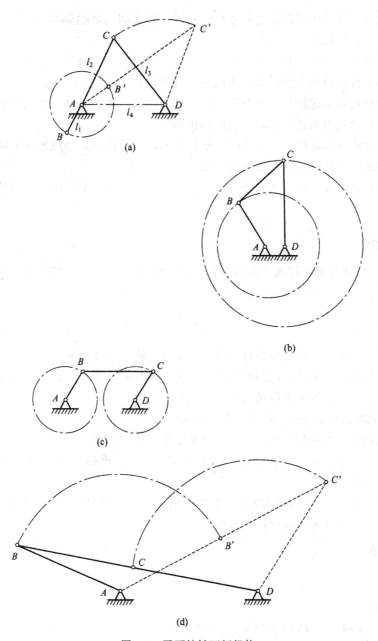

图 3-1 平面铰链四杆机构

在这里能做整周回转的连架杆称为曲柄，平面四杆机构中存在曲柄的条件是：

最短杆和最长杆之和小于或等于其他两杆之和（杆长之和条件）；最短杆为连架杆或机架，即

$$\left.\begin{array}{l} l_1+l_2 \leqslant l_3+l_4 \\ l_1+l_3 \leqslant l_2+l_4 \\ l_1+l_4 \leqslant l_2+l_3 \end{array}\right\} \tag{3-1}$$

$$\left.\begin{array}{l} l_1 \leqslant l_2 \\ l_1 \leqslant l_3 \\ l_1 \leqslant l_4 \end{array}\right\} \tag{3-2}$$

若铰链四杆机构不满足杆长之和条件，则四个转动副均是摆动副，不论取哪个构件为机架，机构都是双摇杆机构。

若铰链四杆机构满足杆长之和条件，最短杆为连架杆，则最短杆上的两个转动副均为整转副，另外两个转动副均为摆动副，为曲柄摇杆机构。

若铰链四杆机构满足杆长之和条件，最短杆为机架，则最短杆上的两个转动副均为整转副，另外两个转动副均为摆动副，为双曲柄机构。

若铰链四杆机构满足杆长之和条件，最短杆的对边为机架，则最短杆上的两个转动副均为整转副，另外两个转动副均为摆动副，为双摇杆机构。

若铰链四杆机构满足杆长之和条件，并且两组对边是相等的，则铰链四杆机构为平行四边形机构。

二、计算实例

【例 3-1】 已知铰链四杆机构两组杆长尺寸分别为 100、150、170、110 和 10、50、35、30，试判断该铰链四杆机构的类型。

三、程序设计

铰链四杆机构类型判断程序设计如图 3-2 所示，可分为以下四步：

第一步，判断铰链四杆机构的两组对边是否分别同时相等。若是，可确定该机构为平行四边形机构；若否，则继续进行第二步判断。

第二步，判断机构中的最短杆与最长杆的长度之和，是否小于或等于另外两杆的长度之和。若否，可确定该机构为双摇杆机构；若是，则继续进行第三步判断。

第三步，判断最短杆在机构中是否作为机架。若是，可确定该机构为双曲柄机构；若否，则继续进行第四步判断。

第四步，判断是否以最短杆的对边作为机构的机架。若是，可确定该机构为双摇杆机构；若否，则确定该机构为曲柄摇杆机构。

1. 程序设计流程图

见图 3-2。

2. 程序文件

铰链四杆机构类型判断程序 link_J 文件

```
* * * * * * * * * * * * * * * * * * * * * * * * * * * * * * * * * * * * * * * * * * * * * * * * * *
clear
% 通过输入铰链四杆机构杆件长度判断该机构的类型
disp('铰链四杆机构类型判断');
a=1;
while a==1 % 当 a=0 时不进行判断
    disp('请输入杆件长度');
    % 依次输入铰链四杆机构杆件长度
    l1=input('l1=');
    l2=input('l2=');
    l3=input('l3=');% 杆 l3 为杆 l1 对边
```

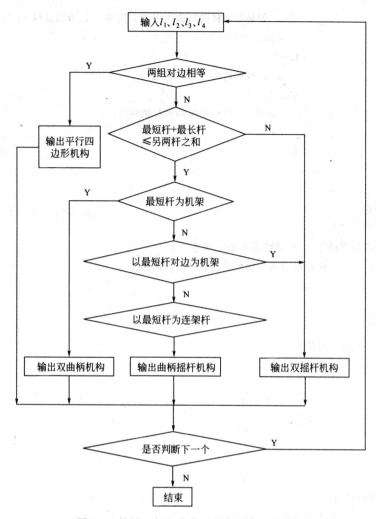

图 3-2 铰链四杆机构类型判断程序设计流程

l4＝input('l4＝');% 杆 l4 为杆 l2 对边

％ 求出最大值 y 和最小值 z

x＝[l1 l2 l3 l4];

y＝max(x);z＝min(x);

fprintf('最长杆　%3.2f \ n',y);

fprintf('最短杆　%3.2f \ n',z);

％ 开始对铰链四杆机构进行类型判断

if l1＝＝l3 & l2＝＝l4

　　disp('平行四边形机构');

else if 2 * (y + z)＞l1 + l2 + l3 + l4

　　　disp('该机构是双摇杆机构');

　　else　disp('如果最短杆为机架,请输入 1,否则请输入 0');

　　　　　i＝input('i＝');

　　　if i＝＝1

　　　disp('该机构是双曲柄机构');

　　　　else　if i＝＝0

```
            disp('如果最短杆的对边为机架    请输入 1,否则请输入 0');
            j=input('j=');
            if j==1
               disp('该机构是双摇杆机构');
            else if j==0
                    disp('该机构是曲柄摇杆机构');
                 end
            end
         end
      end
   end
disp('如果继续判断下一个,请输入 1,否则输入 0');
a=input('a=');   % 由输出结果判断是否进行下一循环
end
```

四、运算结果

>> 铰链四杆机构类型判断

请输入杆件长度

l1＝100

l2＝150

l3＝170

l4＝110

最长杆　170.00

最短杆　100.00

该机构是双摇杆机构

如果继续判断下一个,请输入 1,否则输入 0

a＝1

请输入杆件长度

l1＝10

l2＝50

l3＝35

l4＝30

最长杆　50.00

最短杆　10.00

如果最短杆为机架,请输入 1,否则请输入 0

i＝0

如果最短杆的对边为机架,请输入 1,否则请输入 0

j＝0

该机构是曲柄摇杆机构

如果继续判断下一个,请输入 1,否则输入 0

a＝1

请输入杆件长度

l1＝10

l2＝50

l3＝35

l4＝30

最长杆 50.00

最短杆 10.00

如果最短杆为机架,请输入 1,否则请输入 0

i＝1

该机构是双曲柄机构

如果继续判断下一个,请输入 1,否则输入 0

a＝0

第二节 几何法按连杆上活动铰链已知位置设计四杆机构

一、连杆通过两个预定位置的四杆机构设计

在图 3-3 所示的连杆两个位置中,已知两活动铰链中心 B、C 的位置,其坐标分别为 (x_{B_1}, y_{B_1})、(x_{B_2}, y_{B_2})、(x_{C_1}, y_{C_1})、(x_{C_2}, y_{C_2}),确定两连架杆固定铰链中心的位置 A 和 D。

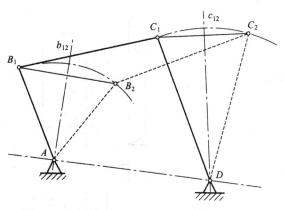

1. 数学模型的建立

在铰链四杆机构中,两活动铰链 B、C 的轨迹为圆弧,故其转动中心 A、D 分别为其圆心,固定铰链 A 应位于 B_1B_2 的中垂线 b_{12} 上,D 位于 C_1C_2 的中垂线 c_{12} 上,由此得 B_1B_2 连线中点的坐标和 C_1C_2 连线中点的坐标分别为

图 3-3 连杆通过两个预定位置的四杆机构设计

$$\left. \begin{aligned} x_{B_{12}} &= \frac{x_{B_1} + x_{B_2}}{2} \\ y_{B_{12}} &= \frac{y_{B_1} + y_{B_2}}{2} \end{aligned} \right\} \tag{3-3}$$

$$\left. \begin{aligned} x_{C_{12}} &= \frac{x_{C_1} + x_{C_2}}{2} \\ y_{C_{12}} &= \frac{y_{C_1} + y_{C_2}}{2} \end{aligned} \right\} \tag{3-4}$$

中垂线 b_{12} 的斜率和中垂线 c_{12} 的斜率分别为

$$k_{b_{12}} = \frac{x_{B_1} - x_{B_2}}{y_{B_2} - y_{B_1}} \tag{3-5}$$

$$k_{c_{12}} = \frac{x_{C_1} - x_{C_2}}{y_{C_2} - y_{C_1}} \qquad (3\text{-}6)$$

中垂线 b_{12} 的方程和中垂线 c_{12} 的方程分别为

$$y = k_{b_{12}}(x - x_{B_{12}}) + y_{B_{12}} \qquad (3\text{-}7)$$

$$y = k_{c_{12}}(x - x_{C_{12}}) + y_{C_{12}} \qquad (3\text{-}8)$$

由于 A、D 两点分别为式(3-7) 和式(3-8) 所表示的直线上的点，显然这样的点有无穷多个。为了唯一地确定 A、D 两铰链的位置，还必须给出补充条件，如 A、D 两点所在位置的方程

$$Ax + By = C \qquad (3\text{-}9)$$

将式(3-9) 分别与式(3-7) 和式(3-8) 联立，则可分别确定固定铰链 A、D 的位置(x_A, y_A)和(x_D, y_D)。

2. 计算实例

【例 3-2】　如图 3-4 所示，为一炉门启闭机构，已知 $x_{C_1} = 32\text{mm}$，$y_{C_1} = 0$；$x_{B_1} = 82\text{mm}$，$y_{B_1} = 0$；$x_{C_2} = 0$，$y_{C_2} = 110\text{mm}$；$x_{B_2} = 0$，$y_{B_2} = 60\text{mm}$。求当两连架杆的固定铰链在直线 $x = -18\text{mm}$ 上时的铰链位置和各杆长度。

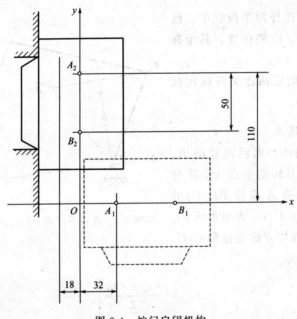

图 3-4　炉门启闭机构

3. 程序设计

连杆通过两个预定位置设计程序 link_two 文件

* *

```
%1. 输入已知数据
clear;
xb1=82;yb1=0;    % B1 坐标
xb2=0;yb2=60;    % B2 坐标
xc1=32;yc1=0;    % C1 坐标
xc2=0;yc2=110;   % C2 坐标
```

```
a=1;b=0;c=-18;    % 直线方程系数

%2. 计算固定铰链中心 A、D 坐标
xb12=(xb1+xb2)/2;              % B1,B2 中点的坐标
yb12=(yb1+yb2)/2;
xc12=(xc1+xc2)/2;             % C1,C2 中点的坐标
yc12=(yc1+yc2)/2;
kb1b2=(yb1-yb2)/(xb1-xb2);    % B1B2 直线的斜率
kc1c2=(yc1-yc2)/(xc1-xc2);    % C1C2 直线的斜率
kb12=-1/kb1b2;                % 垂直线 b12 的斜率
kc12=-1/kc1c2;                % 垂直线 c12 的斜率
A1=[kb12,-1;a,b];
B1=[kb12*xb12-yb12;c];
xy=A1\B1;
xa=xy(1);   % A 坐标
ya=xy(2);
A2=[kc12,-1;a,b];
B2=[kc12*xc12-yc12;c];
xy=A2\B2;
xd=xy(1);   % D 坐标
yd=xy(2);

%3. 机构图形输出
figure(1);
%计算炉门开启位置时各铰链的坐标
x(1)=xa;
y(1)=ya;
x(2)=xb1;
y(2)=yb1;
x(3)=xc1;
y(3)=yc1;
x(4)=xd;
y(4)=yd;
x(5)=xa;
y(5)=ya;
plot(x,y);axis equal;% 绘制炉门开启位置时位置图
title('炉门开启关闭位置');
grid on;
hold on;
xlabel('mm')
ylabel('mm')
axis([-40 100 -70 130]);
plot(x(1),y(1),'o');
gtext('A');
plot(x(2),y(2),'o');
gtext('B1');
```

```
plot(x(3),y(3),'o');
gtext('C1');
plot(x(4),y(4),'o');
gtext('D');
%计算炉门关闭位置时各铰链的坐标
x(1)=xa;
y(1)=ya;
x(2)=xb2;
y(2)=yb2;
x(3)=xc2;
y(3)=yc2;
x(4)=xd;
y(4)=yd;
x(5)=xa;
y(5)=ya;
plot(x,y,'k');% 绘制炉门关闭位置时位置图
grid on;
hold on;
xlabel('mm')
ylabel('mm')
plot(x(1),y(1),'o');
plot(x(2),y(2),'o');
gtext('B2');
plot(x(3),y(3),'o');
gtext('C2');
plot(x(4),y(4),'o');
```

4. 运算结果

计算结果 1：A、D 坐标（单位 mm）

	x	y
A	-18.00	-50.63
D	-18.00	45.11

计算结果 2：各杆长度（单位 mm）

AB	112.09
BC	50.00
CD	67.34
AD	95.74

图 3-5 为炉门开启关闭位置图。

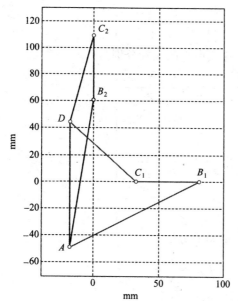

彩图

图 3-5 炉门开启关闭位置

二、连杆通过三个预定位置的四杆机构设计

在图 3-6 所示的连杆三个位置中，已知两活动铰链中心 B、C 的位置，其坐标分别为 (x_{B_1},y_{B_1})、(x_{B_2},y_{B_2})、(x_{B_3},y_{B_3})、(x_{C_1},y_{C_1})、(x_{C_2},y_{C_2})、(x_{C_3},y_{C_3})，要求确定两连架杆固定铰链中心的位置 A 和 D。

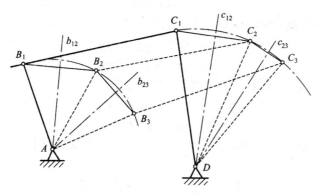

图 3-6 连杆通过三个预定位置的四杆机构设计

1. 数学模型的建立

根据前述连杆两位置的解法，可写出类似的关系式。B_1B_2 连线中点的坐标和 B_2B_3 连线中点的坐标分别为

$$\left.\begin{array}{l} x_{B_{12}}=\dfrac{x_{B_1}+x_{B_2}}{2} \\[2mm] y_{B_{12}}=\dfrac{y_{B_1}+y_{B_2}}{2} \end{array}\right\} \tag{3-10}$$

$$x_{B_{23}} = \frac{x_{B_2} + x_{B_3}}{2}$$
$$y_{B_{23}} = \frac{y_{B_2} + y_{B_3}}{2} \Bigg\}$$

(3-11)

C_1C_2 连线中点的坐标和 C_2C_3 连线中点的坐标分别为

$$x_{C_{12}} = \frac{x_{C_1} + x_{C_2}}{2}$$
$$y_{C_{12}} = \frac{y_{C_1} + y_{C_2}}{2} \Bigg\}$$

(3-12)

$$x_{C_{23}} = \frac{x_{C_2} + x_{C_3}}{2}$$
$$y_{C_{23}} = \frac{y_{C_2} + y_{C_3}}{2} \Bigg\}$$

(3-13)

中垂线 b_{12} 的斜率和中垂线 b_{23} 的斜率分别为

$$k_{b_{12}} = \frac{x_{B_1} - x_{B_2}}{y_{B_2} - y_{B_1}}$$

(3-14)

$$k_{b_{23}} = \frac{x_{B_2} - x_{B_3}}{y_{B_3} - y_{B_2}}$$

(3-15)

中垂线 c_{12} 的斜率和中垂线 c_{23} 的斜率分别为

$$k_{c_{12}} = \frac{x_{C_1} - x_{C_2}}{y_{C_2} - y_{C_1}}$$

(3-16)

$$k_{c_{23}} = \frac{x_{C_2} - x_{C_3}}{y_{C_3} - y_{C_2}}$$

(3-17)

中垂线 b_{12} 的方程和中垂线 b_{23} 的方程分别为

$$y = k_{b_{12}}(x - x_{B_{12}}) + y_{B_{12}}$$

(3-18)

$$y = k_{b_{23}}(x - x_{B_{23}}) + y_{B_{23}}$$

(3-19)

中垂线 c_{12} 的方程和中垂线 c_{23} 的方程分别为

$$y = k_{c_{12}}(x - x_{C_{12}}) + y_{C_{12}}$$

(3-20)

$$y = k_{c_{23}}(x - x_{C_{23}}) + y_{C_{23}}$$

(3-21)

联解式(3-18)、式（3-19）和式(3-20)、式（3-21），可分别确定固定铰链 A、D 的位置 (x_A, y_A) 和 (x_D, y_D)。

2. 计算实例

【例 3-3】　如图 3-7 所示，已知连杆 BC 的三个位置，要求设计该四杆机构。

3. 程序设计
连杆通过三个预定位置设计程序 link _ three _ A 文件
****
%1. 由键盘输入连杆三组位置的数据
clear;
disp('请输入连杆三组位置的 B,C 坐标参数。');
xb1＝input('xb1＝');　　　%　　　输入 B1 点的坐标
yb1＝input('yb1＝');

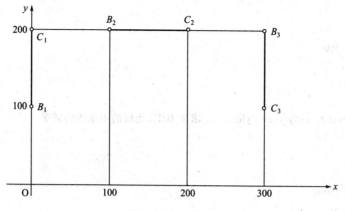

图 3-7 四杆机构

```
xc1＝input('xc1＝');        %        输入 C1 点的坐标
yc1＝input('yc1＝');
xb2＝input('xb2＝');        %        输入 B2 点的坐标
yb2＝input('yb2＝');
xc2＝input('xc2＝');        %        输入 C2 点的坐标
yc2＝input('yc2＝');
xb3＝input('xb3＝');        %        输入 B3 点的坐标
yb3＝input('yb3＝');
xc3＝input('xc3＝');        %        输入 C3 点的坐标
yc3＝input('yc3＝');
```

%2. 判断由键盘输入的 B、C 两铰链坐标是否满足连杆长度不变的条件

```
L12＝sqrt((xb1 - xc1)＾2 + (yb1 - yc1)＾2) - sqrt((xb2 - xc2)＾2 + (yb2 - yc2)＾2);
L23＝sqrt((xb2 - xc2)＾2 + (yb2 - yc2)＾2) - sqrt((xb3 - xc3)＾2 + (yb3 - yc3)＾2);
if sqrt((L12 - L23)＾2)＞1e - 2
    disp('………输入数据不正确！请重新运行程序,输入已知参数…………');break
else
```

%3. 求固定铰链 A、D 坐标

```
    xb12＝(xb1 + xb2)/2;      %        算出 B1B2 连线的中点横坐标
    xb23＝(xb2 + xb3)/2;      %        算出 B2B3 连线的中点横坐标
    xc12＝(xc1 + xc2)/2;      %        算出 C1C2 连线的中点横坐标
    xc23＝(xc2 + xc3)/2;      %        算出 C2C3 连线的中点横坐标
    yb12＝(yb1 + yb2)/2;      %        算出 B1B2 连线的中点纵坐标
    yb23＝(yb2 + yb3)/2;      %        算出 B2B3 连线的中点纵坐标
    yc12＝(yc1 + yc2)/2;      %        算出 C1C2 连线的中点纵坐标
    yc23＝(yc2 + yc3)/2;      %        算出 C2C3 连线的中点纵坐标
    if yb1 - yb2＝＝0         %        判定特殊情况下的铰链位置
        YO(1)＝0;
        kb12＝1;
    else
        kb12＝(xb1 - xb2)/(yb2 - yb1); % 求出 B1B2 连线的中垂线的斜率
```

```
            YO(1)= - 1;
    end
if yb2 - yb3 = = 0
        kb23=1;
        YO(2)=0;
    else
            kb23=(xb2 - xb3)/(yb3 - yb2);   % 求出 B2B3 连线的中垂线的斜率
        YO(2)= - 1;
    end

    if yc1 - yc2 = = 0
        YO(3)=0;
        kc12=1;
    else
            kc12=(xc1 - xc2)/(yc2 - yc1);    % 求出 C1C2 连线的中垂线的斜率
        YO(3)= - 1;
    end
if yc2 - yc3 = = 0
        kc23=1;
        YO(4)=0;
    else
            kc23=(xc2 - xc3)/(yc3 - yc2);    % 求出 C2C3 连线的中垂线的斜率
        YO(4)= - 1;
    end
if (kb12 * YO(2) - kb23 * YO(1)) = = 0   % 判定 B1B2 的中垂线与 B2B3 的中垂线是否有交点 A
    disp('* * * * * * * * * * * * NO SOLUTION! * * * * * * * * * *');
    else
        if YO(1) * YO(2) = = 1
            xa=(yb23 - yb12 - kb23 * xb23 + kb12 * xb12)/(kb12 - kb23);
            ya=kb12 * (xa - xb12) + yb12;
        else
            if YO(1) = = 0
                xa=xb12;
                ya=kb23 * (xa - xb23) + yb23;
            else
                xa=xb23;
                ya=kb12 * (xa - xb12) + yb12;
            end
        end
        L1=sqrt((xa - xb1)^2 + (ya - yb1)^2);       % 计算 AB 杆的长度
    end
if (kc12 * YO(4) - kc23 * YO(3)) = = 0               % 判定 C1C2 的中垂线与 C2C3 的中垂线是否有交
点 D
    disp('* * * * * * * * * * * * NO SOLUTION! * * * * * * * * * * *');
    else
        if YO(3) * YO(4) = = 1
```

```
            xd＝(yc23 - yc12 - kc23 * xc23 + kc12 * xc12)/(kc12 - kc23);
            yd＝kc12 * (xd - xc12) + yc12;
        else
            if YO(3)＝＝0
                xd＝xc12;
                yd＝kc23 * (xd - xc23) + yc23;
            else
                xd＝xc23;
                yd＝kc12 * (xd - xc12) + yc12;
            end
        end
        L3＝sqrt((xd - xc1)^2 + (yd - yc1)^2);        % 计算 CD 杆的长度
    end

    if (kb12 * YO(2) - kb23 * YO(1)) * (kc12 * YO(4) - kc23 * YO(3))＝＝0
        disp('········ NO ANSWER ·······');
    else
        L2＝sqrt((xb1 - xc1)^2 + (yb1 - yc1)^2);        % 计算连杆 BC 杆的长度
        L4＝sqrt((xd - xa)^2 + (yd - ya)^2);            % 计算机架 AD 杆的长度
```

%4. 输出计算结果

```
        disp('      计算结果 1：  A、D 坐标 (单位 mm)  ');
        disp('----------------------------------------');
        disp('          |   x   |         |   y   |      ');
        disp('----------------------------------------');
        fprintf(' A     %3.2f      %3.2f \ n ',xa ,ya );        % 输出铰支座 A 的坐标
        disp('----------------------------------------');
        fprintf(' D     %3.2f      %3.2f \ n ',xd ,yd );        % 输出铰支座 D 的坐标
        disp('----------------------------------------');
        disp('                                        ');
        disp('      计算结果 2：  各杆长度 (单位 mm)    ');
        disp('----------------------------------------');
        fprintf(' AB        %3.2f \ n',L1        );        % 输出杆 AB 的长度
        disp('----------------------------------------');
        fprintf(' BC        %3.2f \ n',L2        );        % 输出连杆 BC 的长度
        disp('----------------------------------------');
        fprintf(' CD        %3.2f \ n',L3        );        % 输出杆 CD 的长度
        disp('----------------------------------------');
        fprintf(' AD        %3.2f \ n',L4        );        % 输出机架 AD 的长度
        disp('----------------------------------------');
    end
end
```

4. 运算结果

>> 请输入连杆三组位置的 B、C 坐标参数。

xb1＝0

yb1＝100

xc1＝0

yc1＝200

xb2＝100

yb2＝200

xc2＝200

yc2＝200

xb3＝300

yb3＝200

xc3＝300

yc3＝100

计算结果 1： A、D 坐标（单位 mm）

	x	y
A	200.00	0.00
D	100.00	0.00

计算结果 2： 各杆长度（单位 mm）

AB	223.61
BC	100.00
CD	223.61
AD	100.00

第三节　位移矩阵法按连杆预定位置设计四杆机构

如图 3-8 所示，已知连杆标线 MN 的预定位置 M_iN_i（$i＝1$，2，3）和固定铰链中心 A 和 D，要求设计此四杆机构。

设计该四杆机构的实质是确定出活动铰链中心 B 和 C 的位置。可采用转换机架法，即利用相对运动原理，该法是机构倒置原理的解析表达，适合于求解连杆通过三个特定位置的问题。

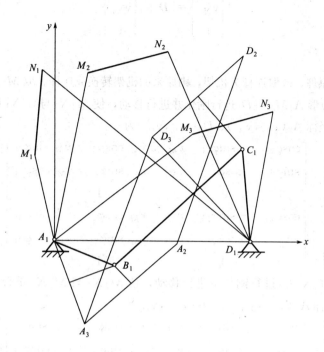

图 3-8　连杆标线的预定位置

一、数学模型的建立

1. 位移矩阵

刚体的平面运动可以看作是由旋转运动和平移运动组成的,要确定刚体在运动中任一瞬时的位置,只要知道刚体上任意一点 M 的坐标和任意一条线段 MN 与 x 轴正向的夹角 φ 就可以了。

如图 3-9 所示,设 MN 在位置 1 的位置参数为 x_{M_1}、y_{M_1} 和 φ_1,经过平面运动到达位置 2 后的参数为 x_{M_2}、y_{M_2} 和 φ_2。则 MN 在位置 1 和位置 2 之间的参数关系可以用位移矩阵 $[\boldsymbol{D}_{12}]$ 来表示,即

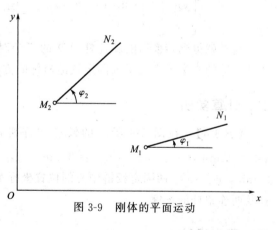

图 3-9　刚体的平面运动

$$[\boldsymbol{D}_{12}]=\begin{bmatrix} \cos\varphi_{12} & -\sin\varphi_{12} & x_{M_2}-x_{M_1}\cos\varphi_{12}+y_{M_1}\sin\varphi_{12} \\ \sin\varphi_{12} & \cos\varphi_{12} & y_{M_2}-x_{M_1}\sin\varphi_{12}-y_{M_1}\cos\varphi_{12} \\ 0 & 0 & 1 \end{bmatrix} \qquad (3\text{-}22)$$

式中 $\varphi_{12}=\varphi_2-\varphi_1$。

刚体上任意一点 N 经过平面运动后,其坐标为

$$\begin{Bmatrix} x_{N_2} \\ y_{N_2} \\ 1 \end{Bmatrix} = [\boldsymbol{D}_{12}] \begin{Bmatrix} x_{N_1} \\ y_{N_1} \\ 1 \end{Bmatrix} \tag{3-23}$$

2. 机构倒置

根据机构倒置原理，改取连杆为机架，则原来的机架转换成连杆。取 M_1N_1 为倒置机构中新机架的位置。将四边形 $A_1M_2N_2D_1$ 进行刚化并进行移动，使 M_2N_2 与 M_1N_1 重合，由此得到 A、D 经过移动后的新坐标 $A_2(x_{A_2},y_{A_2})$、$D_2(x_{D_2},y_{D_2})$ 为

$$\begin{bmatrix} x_{A_2} \\ y_{A_2} \\ 1 \end{bmatrix} = \begin{bmatrix} \cos\varphi_{21} & -\sin\varphi_{21} & x_{M_1}-x_{M_2}\cos\varphi_{21}+y_{M_2}\sin\varphi_{21} \\ \sin\varphi_{21} & \cos\varphi_{21} & y_{M_1}-x_{M_2}\sin\varphi_{21}-y_{M_2}\cos\varphi_{21} \\ 0 & 0 & 1 \end{bmatrix} \begin{bmatrix} x_{A_1} \\ y_{A_1} \\ 1 \end{bmatrix} \tag{3-24}$$

$$\begin{bmatrix} x_{D_2} \\ y_{D_2} \\ 1 \end{bmatrix} = \begin{bmatrix} \cos\varphi_{21} & -\sin\varphi_{21} & x_{M_1}-x_{M_2}\cos\varphi_{21}+y_{M_2}\sin\varphi_{21} \\ \sin\varphi_{21} & \cos\varphi_{21} & y_{M_1}-x_{M_2}\sin\varphi_{21}-y_{M_2}\cos\varphi_{21} \\ 0 & 0 & 1 \end{bmatrix} \begin{bmatrix} x_{D_1} \\ y_{D_1} \\ 1 \end{bmatrix} \tag{3-25}$$

将四边形 $A_1M_3N_3D_1$ 进行刚化并进行移动，使 M_3N_3 与 M_1N_1 重合，由此得到 A、D 经过移动后的新坐标 $A_3(x_{A_3},y_{A_3})$、$D_3(x_{D_3},y_{D_3})$。

$$\begin{bmatrix} x_{A_3} \\ y_{A_3} \\ 1 \end{bmatrix} = \begin{bmatrix} \cos\varphi_{31} & -\sin\varphi_{31} & x_{M_1}-x_{M_3}\cos\varphi_{31}+y_{M_3}\sin\varphi_{31} \\ \sin\varphi_{31} & \cos\varphi_{31} & y_{M_1}-x_{M_3}\sin\varphi_{31}-y_{M_3}\cos\varphi_{31} \\ 0 & 0 & 1 \end{bmatrix} \begin{bmatrix} x_{A_1} \\ y_{A_1} \\ 1 \end{bmatrix} \tag{3-26}$$

$$\begin{bmatrix} x_{D_3} \\ y_{D_3} \\ 1 \end{bmatrix} = \begin{bmatrix} \cos\varphi_{31} & -\sin\varphi_{31} & x_{M_1}-x_{M_3}\cos\varphi_{31}+y_{M_3}\sin\varphi_{31} \\ \sin\varphi_{31} & \cos\varphi_{31} & y_{M_1}-x_{M_3}\sin\varphi_{31}-y_{M_3}\cos\varphi_{31} \\ 0 & 0 & 1 \end{bmatrix} \begin{bmatrix} x_{D_1} \\ y_{D_1} \\ 1 \end{bmatrix} \tag{3-27}$$

这样就得到转换后的新连杆 AD 的三个对应位置，从而可以利用前面的已知连杆上两活动铰链的三个预定位置求固定铰链坐标的方法求 $B_1(x_{B_1},y_{B_1})$ 和 $C_1(x_{C_1},y_{C_1})$。

二、计算实例

【例 3-4】 在图 3-8 所示的铰链四杆机构中，已知连杆的三个位置：$x_{M_1}=10\text{mm}$，$y_{M_1}=32\text{mm}$，$\varphi_1=52°$；$x_{M_2}=36\text{mm}$，$y_{M_2}=39\text{mm}$，$\varphi_2=29°$；$x_{M_3}=45\text{mm}$，$y_{M_3}=24\text{mm}$，$\varphi_3=0°$。两固定铰链中心的位置坐标为 $A(0,0)$ 和 $D(63,0)$（单位 mm）。试求连杆及两连架杆的长度。

三、程序设计

位移矩阵法程序由主程序 link_three_main 和子函数 link_three_D 两部分组成。

1. 主程序 link_three_main 文件

```
* * * * * * * * * * * * * * * * * * * * * * * * * * * * * * * * * * * * * * * * * * * * * * * * *
clear;
hd=pi/180;
%1. 输入连杆三组位置的数据
phi1=52*hd;phi2=29*hd;phi3=0*hd;
```

```
xm1=10;ym1=32;
xm2=36;ym2=39;
xm3=45;ym3=24;
phi21=phi1-phi2;
phi31=phi1-phi3;
A1=[0;0;1];
D1=[63;0;1];
```

%2. 计算位移矩阵
```
D21=[cos(phi21),-sin(phi21),xm1-xm2*cos(phi21)+ym2*sin(phi21);
     sin(phi21), cos(phi21),ym1-xm2*sin(phi21)-ym2*cos(phi21);
     0,          0,          1                                ];
D31=[cos(phi31),-sin(phi31),xm1-xm3*cos(phi31)+ym3*sin(phi31);
     s in(phi31),cos(phi31),ym1-xm3*sin(phi31)-ym3*cos(phi31);
     0,          0,          1                                ];
```

%3. 经机构倒置后,求 A、D 三位置坐标
```
A2=D21*A1;  % A、D 三位置坐标
A3=D31*A1;
D2=D21*D1;
D3=D31*D1;
xa=[A1(1);A2(1);A3(1)];
ya=[A1(2);A2(2);A3(2)];
xd=[D1(1);D2(1);D3(1)];
yd=[D1(2);D2(2);D3(2)];
```

%4. 调用子程序求 D、C 坐标和杆件长度
```
[xb,yb,xc,yc]=link_three_D(xa,ya,xd,yd);       %  调用子程序求 D、C 坐标
L1=sqrt((xa(1)-xb)^2+(ya(1)-yb)^2);            %  计算 AB 杆的长度
L3=sqrt((xd(1)-xc)^2+(yd(1)-yc)^2);            %  计算 CD 杆的长度
L2=sqrt((xb-xc)^2+(yb-yc)^2);                  %  计算连杆 BC 杆的长度
L4=sqrt((xd(1)-xa(1))^2+(yd(1)-ya(1))^2);      %  计算机架 AD 杆的长度
```

%5. 输出计算结果
```
disp('         计算结果 1:  B、C 坐标(单位 mm)');
disp('--------------------------------------------------');
disp('         |  x  |        |  y  |        ');
disp('--------------------------------------------------');
fprintf('  B       %3.2f              %3.2f\n',xb,yb);
disp('--------------------------------------------------');
fprintf('  C       %3.2f              %3.2f\n',xc,yc);
disp('--------------------------------------------------');
disp('                                        ');
disp('         计算结果 2:        各杆长度(单位 mm)');
disp('--------------------------------------------------');
fprintf('  AB      %3.2f \n',L1                      );
disp('--------------------------------------------------');
fprintf('  BC      %3.2f \n',L2                      );
```

```
disp('--------------------------------------------------');
fprintf('   CD       %3.2f \ n',L3          );
disp('--------------------------------------------------');
fprintf('   AD       %3.2f \ n',L4          );
disp('--------------------------------------------------');
```

2. 子函数 link _ three _ D 文件

```
* * * * * * * * * * * * * * * * * * * * * * * * * * * * * * * * * * * * * * * * * * * * * *
function [xa,ya,xd,yd]=link _ three _ D(xb,yb,xc,yc)
%1. 数据交换
xb1=xb(1);        % 输入 B1 点的坐标
yb1=yb(1);
xc1=xc(1);        % 输入 C1 点的坐标
yc1=yc(1);
xb2=xb(2);        % 输入 B2 点的坐标
yb2=yb(2);
xc2=xc(2);        % 输入 C2 点的坐标
yc2=yc(2);
xb3=xb(3);        % 输入 B3 点的坐标
yb3=yb(3);
xc3=xc(3);        % 输入 C3 点的坐标
yc3=yc(3);

%2. 根据活动铰链的三个位置,求固定铰链坐标
xb12=(xb1+xb2)/2;              % 算出 B1B2 连线的中点横坐标
xb23=(xb2+xb3)/2;              % 算出 B2B3 连线的中点横坐标
xc12=(xc1+xc2)/2;              % 算出 C1C2 连线的中点横坐标
xc23=(xc2+xc3)/2;              % 算出 C2C3 连线的中点横坐标
yb12=(yb1+yb2)/2;              % 算出 B1B2 连线的中点纵坐标
yb23=(yb2+yb3)/2;              % 算出 B2B3 连线的中点纵坐标
yc12=(yc1+yc2)/2;              % 算出 C1C2 连线的中点纵坐标
yc23=(yc2+yc3)/2;              % 算出 C2C3 连线的中点纵坐标
kb12=(xb1-xb2)/(yb2-yb1);     % 求出 B1B2 连线的中垂线的斜率
kb23=(xb2-xb3)/(yb3-yb2);     % 求出 B2B3 连线的中垂线的斜率
kc12=(xc1-xc2)/(yc2-yc1);     % 求出 C1C2 连线的中垂线的斜率
kc23=(xc2-xc3)/(yc3-yc2);     % 求出 C2C3 连线的中垂线的斜率
xa=(yb23-yb12-kb23*xb23+kb12*xb12)/(kb12-kb23);
ya=kb12*(xa-xb12)+yb12;
xd=(yc23-yc12-kc23*xc23+kc12*xc12)/(kc12-kc23);
yd=kc12*(xd-xc12)+yc12;
```

四、运算结果

```
>>        计算结果1: B、C 坐标（单位 mm）
--------------------------------------------------
        |  x  |          |  y  |
```

B	- 3.09	- 9.36
C	69.85	29.15

计算结果 2：　各杆长度（单位 mm）

AB	9.86
BC	82.48
CD	29.94
AD	63.00

第四节　解析法按连杆预定位置设计四杆机构

对于图 3-10 所示的铰链四杆机构，已知连杆平面上两点 M、N 在该坐标系中的位置坐标序列为 $M_i(x_{M_i}, y_{M_i})$、$N_i(x_{N_i}, y_{N_i})(i=1,2,\cdots,n)$，要求设计此四杆机构。

设计该四杆机构的实质是求活动铰链中心 B 和 C，此时，可采用转换机架法，即利用相对运动原理，该法是机构倒置原理的解析表达，适合于解连杆通过三个特定位置的问题。

一、数学模型的建立

如图 3-10 所示，在机架上建立固定坐标系 Oxy，以 M 为原点，在连杆上建立动坐标系 $Mx'y'$，其中 x' 轴正向为 $M \to N$ 的指向。设 B、C 两点在动坐标系中的位置坐标分别为 (x'_B, y'_B)、(x'_C, y'_C)，在固定坐标系中与 M_i、N_i 相对应的位置坐标分别为 (x_{B_i}, y_{B_i})、(x_{C_i}, y_{C_i})，则 B、C 两点分别在固定坐标系和动坐标系中的坐标变换关系为

$$\left.\begin{aligned} x_{B_i} &= x_{M_i} + x'_B\cos\varphi_i - y'_B\sin\varphi_i \\ y_{B_i} &= y_{M_i} + x'_B\sin\varphi_i + y'_B\cos\varphi_i \end{aligned}\right\} \quad (3\text{-}28)$$

$$\left.\begin{aligned} x_{C_i} &= x_{M_i} + x'_C\cos\varphi_i - y'_C\sin\varphi_i \\ y_{C_i} &= y_{M_i} + x'_C\sin\varphi_i + y'_C\cos\varphi_i \end{aligned}\right\} \quad (3\text{-}29)$$

其中 φ_i 为 x 轴正向至 x' 轴正向沿逆时针方向的夹角，由下式给出

$$\varphi_i = \arctan\frac{y_{M_i} - y_{N_i}}{x_{M_i} - x_{N_i}} \quad (3\text{-}30)$$

若固定铰链中心 A、D 在固定坐标系中的位置坐标分别记为 (x_A, y_A)、(x_D, y_D)，则根据机构运动过程中两连架杆长度不变的条件

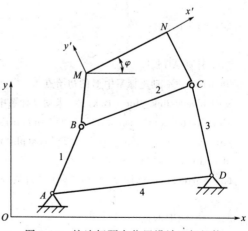

图 3-10　按连杆预定位置设计四杆机构

可得

$$(x_{B_i}-x_A)^2+(y_{B_i}-y_A)^2=(x_{B_1}-x_A)^2+(y_{B_1}-y_A)^2 \quad (i=2,3,\cdots,n) \quad (3\text{-}31)$$

$$(x_{C_i}-x_D)^2+(y_{C_i}-y_D)^2=(x_{C_1}-x_D)^2+(y_{C_1}-y_D)^2 \quad (i=2,3,\cdots,n) \quad (3\text{-}32)$$

当 A、D 位置未给定时，式(3-31) 含有四个未知量 x'_B、y'_B 和 x_A，y_A，需要 $(n-1)$ 个方程，其有解的条件为 $n\leqslant5$，即四杆机构最多能精确实现连杆五个给定位置。当 $n<5$ 时，可预先选定某些机构参数，以获得唯一解。由于式(3-31) 为非线性方程组，可借助数值法或其他方法求解。当 $n>5$ 时，一般不能求得精确解，此时可用最小二乘法等进行近似设计。

同理式(3-32) 是含有四个未知量 x'_C、y'_C 和 x_D，y_D 的 $(n-1)$ 个方程。

求出 x'_B、y'_B、x_A，y_A 和 x'_C、y'_C、x_D，y_D 后，利用上述关系即可求得连杆、机架及两连架杆的长度。

若 A、D 位置预先给定，则四杆机构最多可精确实现连杆三个预期位置，则式(3-31)、式(3-32) 可化为线性方程组。

二、计算实例

【例 3-5】 在图 3-10 所示的铰链四杆机构中，已知连杆的三个位置：$x_{M_1}=10\text{mm}$，$y_{M_1}=32\text{mm}$，$\varphi_1=52°$；$x_{M_2}=36\text{mm}$，$y_{M_2}=39\text{mm}$，$\varphi_2=29°$；$x_{M_3}=45\text{mm}$，$y_{M_3}=24\text{mm}$，$\varphi_3=0°$。两固定铰链中心的位置坐标为 $A(0,0)$ 和 $D(63,0)$（单位 mm）。试求连杆及两连架杆的长度。

三、程序设计

铰链四杆机构 MATLAB 程序由主程序 link_fun_main 和子函数 link_fun_B 和子函数 link_fun_C 三部分组成。

1. 主程序 link_fun_main 文件

```
*****************************************************
clear;
%1. 已知参数
xm1=10; ym1=32;
phi1=52*pi/180;
xa=0;ya=0;
xd=63;yd=0;

%2. 计算 AB 长度
x=[0;0]; % 动坐标系中 B 的初始点
x=fsolve(@link_fun_B,x);% 求动坐标系中 B1 点坐标
xb1=xm1+x(1)*cos(phi1)-x(2)*sin(phi1);% 求固定坐标系中 B1 点横坐标
yb1=ym1+x(1)*sin(phi1)+x(2)*cos(phi1);% 求固定坐标系中 B1 点纵坐标
xb=xb1;yb=yb1;
lab=sqrt((xb1-xa)^2+(yb1-ya)^2);% 求杆 AB 长度

%3. 计算 CD 长度
x=[34;48]; % 动坐标系中 C 点的初始点
```

```
x=fsolve(@link_fun_C,x);%求动坐标系中 C1 点坐标
xc1=xm1+x(1)*cos(phi1)-x(2)*sin(phi1);%求固定坐标系中 C1 点横坐标
yc1=ym1+x(1)*sin(phi1)+x(2)*cos(phi1);%求固定坐标系中 C1 点纵坐标
xc=xc1;yc=yc1;
lcd=sqrt((xc1-xd)^2+(yc1-yd)^2);%求杆 CD 长度

%4. 计算 BC 长度
lbc=sqrt((xc1-xb1)^2+(yc1-yb1)^2);%求杆 BC 长度
lad=sqrt((xa-xd)^2+(ya-yd)^2);%求杆 AD 长度

%5. 输出计算结果
disp('        计算结果1:  B、C 坐标 (单位 mm) ');
disp('-----------------------------------');
disp('        |  x  |      |  y  | ');
disp('-----------------------------------');
fprintf(' B      %3.2f          %3.2f \n ',xb,yb);
disp('-----------------------------------');
fprintf(' C      %3.2f          %3.2f \n ',xc,yc);
disp('-----------------------------------');
disp('                                   ');
disp('        计算结果2:  各杆长度 (单位 mm) ');
disp('-----------------------------------');
fprintf('    曲柄长度      l1 = %3.2f  \n',lab);
fprintf('    连杆长度      l2 = %3.2f  \n',lbc);
fprintf('    摇杆长度      l3 = %3.2f  \n',lcd);
fprintf('    机架长度      l4= %3.2f  \n',lad);
disp('-----------------------------------');
```

2. 子函数 link_fun_B 文件

```
***********************************************************
function F = link_fun_B(x)
%输入已知参数
xm=[10;36;45];ym=[32;39;24];
phi=[52;29;0]*pi/180;
xa=0;ya=0;
%求 B 点在固定坐标系的坐标
for i=1:3
    xb(i)=xm(i)+x(1)*cos(phi(i))-x(2)*sin(phi(i));
    yb(i)=ym(i)+x(1)*sin(phi(i))+x(2)*cos(phi(i));
end
%B 点在固定坐标系的方程
F=[(xb(2)-xa)^2+(yb(2)-ya)^2-(xb(1)-xa)^2-(yb(1)-ya)^2;
   (xb(3)-xa)^2+(yb(3)-ya)^2-(xb(1)-xa)^2-(yb(1)-ya)^2];
```

3. 子函数 link_fun_C 文件

```
********************************************************************
function F = link_fun_C(x)
%输入已知参数
xm=[10;36;45]; ym=[32;39;24];
phi=[52;29;0]*pi/180;
xd=63;yd=0;
%求 C 点在固定坐标系的坐标
for i=1:3
    xc(i)=xm(i)+x(1)*cos(phi(i))-x(2)*sin(phi(i));
    yc(i)=ym(i)+x(1)*sin(phi(i))+x(2)*cos(phi(i));
end
%C 点在固定坐标系的方程
F=[(xc(2)-xd)^2+(yc(2)-yd)^2-(xc(1)-xd)^2-(yc(1)-yd)^2;
  (xc(3)-xd)^2+(yc(3)-yd)^2-(xc(1)-xd)^2-(yc(1)-yd)^2];
```

四、运算结果

计算结果 1：　B、C 坐标（单位 mm）

	x	y
B	-3.09	-9.36
C	69.85	29.15

计算结果 2：　各杆长度（单位 mm）

曲柄长度	l1 = 9.86
连杆长度	l2 = 82.48
摇杆长度	l3 = 29.94
机架长度	l4 = 63.00

第五节　按预定的运动规律设计四杆机构

一、按预定的两连架杆对应位置设计四杆机构

如图 3-11 所示，设要求从动件 3 与主动件 1 的转角之间满足一系列的对应位置关系，即 $\theta_{3i}=f(\theta_{1i})$（$i=1$，2，…，$n$），试设计此四杆机构。

1. 数学模型的建立

在图 3-11 所示机构中，运动变量为各构件的转角 θ_j，由设计要求知 θ_1、θ_3 为已知条

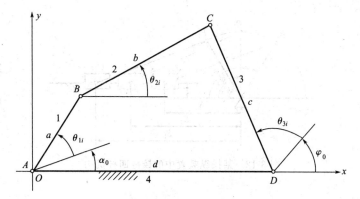

图 3-11　按预定的两连架杆对应位置设计四杆机构

件，仅 θ_2 为未知。又因机构按比例放大或缩小，不会改变各构件的相对转角关系，故设计变量应为各构件的相对长度，如取 $a/a=1$，$b/a=l$，$c/a=m$，$d/a=n$。故设计变量为 l、m、n 以及 θ_1、θ_3 的计量起始角 α_0、φ_0 共 5 个。

如图 3-11 建立坐标系 Oxy，并把各杆矢向坐标轴投影，可得

$$\left.\begin{aligned} l\cos\theta_{2i} &= n + m\cos(\theta_{3i}+\varphi_0) - \cos(\theta_{1i}+\alpha_0) \\ l\sin\theta_{2i} &= m\sin(\theta_{3i}+\varphi_0) - \sin(\theta_{1i}+\alpha_0) \end{aligned}\right\} \tag{3-33}$$

为消去未知角 θ_{2i}，将式（3-33）两端各自平方后相加，经整理后可得

$$\cos(\theta_{1i}+\alpha_0) = P_0\cos(\theta_{3i}+\varphi_0) + P_1\cos(\theta_{3i}+\varphi_0-\theta_{1i}-\alpha_0) + P_2 \tag{3-34}$$

式中，$P_0=m$，$P_1=-m/n$，$P_2=(m^2+n^2+1-l^2)/(2n)$。

上式中包含 5 个待定参数 P_0、P_1、P_2、α_0 及 φ_0，根据解析式的可解条件，方程式数应与待定未知数的数目相等，故四杆机构最多可按两连架杆的 5 个对应位置精确求解。

当两连架杆的对应位置数 $N>5$ 时，一般不能求得精确解，此时可用最小二乘法等进行近似设计。当要求的两连架杆的对应位置数 $N<5$ 时，可预选某些尺度参数，设可预选的参数数目为 N_0，则

$$N_0 = 5-N \tag{3-35}$$

此时，因有可预选的参数，故有无穷多解。

若 $N=3$，则 $N_0=5-N=2$，即可预选两个参数，通常预选 α_0、φ_0，故取 $\alpha_0=\varphi_0=0°$，则式（3-34）可化为线性方程组。

解此方程组，从而可求得各杆的相对长度 m、n、l。再根据结构条件，选定曲柄长度后，即可求得各杆的绝对长度。当所求得的解不满意时，可重选 α_0、φ_0 的值再算，直至较为满意为止。

若 $N=4$ 或 5 时，因式（3-34）中 α_0、φ_0 两者之一（或两者）为未知数，故该式为非线性方程组，可借助数值法或其他方法求解。

2. 计算实例

【例 3-6】　如图 3-12 所示为用于某操纵装置中的铰链四杆机构，要求其两连架杆满足如下三组对应位置关系：$\theta_{11}=45°$，$\theta_{31}=50°$，$\theta_{12}=90°$，$\theta_{32}=80°$，$\theta_{13}=135°$，$\theta_{33}=110°$。

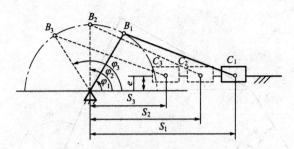

图 3-12　某操纵装置中的铰链四杆机构

3. 程序设计

（1）主程序 link _ design _ main1 文件

```
******************************************************

clear;
%1. 已知参数
alpha _ 0=0;phi _ 0=0;
theta _ 1=[45;90;135] * pi/180;
theta _ 3=[50;80;110] * pi/180;
a=100;


%2. 计算各杆长度
[l,m,n]=link _ design(theta _ 1,theta _ 3,alpha _ 0,phi _ 0);
b=a * l;
c=a * m;
d=a * n;


%3. 输出计算结果
disp('          计算结果1：  各杆相对长度      ');
disp('------------------------------------------');
fprintf ('     连杆相对长度     l = %3.2f  \n',l);
fprintf ('     摇杆相对长度     m = %3.2f  \n',m);
fprintf ('     机架相对长度     n = %3.2f  \n',n);
disp('------------------------------------------');
disp('          计算结果2：  各杆长度（单位 mm）     ');
disp('------------------------------------------');
fprintf ('     曲柄长度     a = %3.2f  \n',a);
fprintf ('     连杆长度     b = %3.2f  \n',b);
fprintf ('     摇杆长度     c = %3.2f  \n',c);
fprintf ('     机架长度     d = %3.2f  \n',d);
disp('------------------------------------------');
```

（2）子函数 link _ design 文件

```
******************************************************
```

```
function [l,m,n]=link_design(theta_1,theta_3,alpha_0,phi_0)   % 连杆机构设计
% 计算线性方程组系数矩阵 A
A=[cos(theta_3(1)+phi_0),cos(theta_3(1)+phi_0-theta_1(1)-alpha_0),1;
   cos(theta_3(2)+phi_0),cos(theta_3(2)+phi_0-theta_1(2)-alpha_0),1;
   cos(theta_3(3)+phi_0),cos(theta_3(3)+phi_0-theta_1(3)-alpha_0),1];
% 计算线性方程组系数矩阵 B
B=[cos(theta_1(1)+alpha_0);cos(theta_1(2)+alpha_0);cos(theta_1(3)+alpha_0)];
% 求解线性方程组
P=A\B
% 计算相对长度 l,m,n
P0=P(1);P1=P(2);P2=P(3);
m=P0;
n=-m/P1;
l=sqrt(m*m+n*n+1-P2*2*n);
```

4. 运算结果

>> 计算结果 1:　各杆相对长度

连杆相对长度　　　l = 1.78

摇杆相对长度　　　m = 1.53

机架相对长度　　　n = 1.44

计算结果 2:　各杆长度（单位 mm）

曲柄长度　　　　a = 100.00

连杆长度　　　　b = 178.30

摇杆长度　　　　c = 153.30

机架长度　　　　d = 144.24

二、按期望函数设计四杆机构

如图 3-13 所示，设要求四杆机构两连架杆转角之间实现的函数关系为 $y=f(x)$（称为期望函数）。

1. 数学模型的建立

由于连杆机构的待定参数较少，故一般不能准确实现该期望函数。设实际实现的函数关系为 $y=F(x)$（称为再现函数），再现函数与期望函数一般是不一致的。设计时，应使机构的再现函数 $y=F(x)$ 尽可能逼近所要求的期望函数。具体做法是，在给定的自变量 x 的变化区间 $x_0 \sim x_m$ 内的某些点上，使再现函数与期望函数的函数值相等。从几何意义上看，即使 $y=F(x)$ 与 $y=f(x)$ 两函数曲线在某些点相交，这些交点称为插值结点。显然，在插值结点处有

$$f(x)-F(x)=0 \tag{3-36}$$

故在插值结点上，再现函数的函数值为已知。这样，就可按上述方法来设计四杆机构。

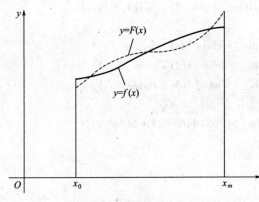

图 3-13　期望函数与再现函数

这种设计方法称为插值逼近法。

由图 3-13 可见，在结点以外的其他位置，$y=F(x)$ 与 $y=f(x)$ 是不相等的，其偏差为

$$\Delta y=f(x)-F(x) \tag{3-37}$$

偏差的大小与结点的数目及其分布情况有关。增加插值结点的数目，有利于逼近精度的提高。但由前述可知，结点数最多为 5 个，否则便不能精准求解。至于结点位置的分布，根据函数逼近理论可如下选取

$$x_i=\frac{1}{2}(x_m+x_0)-\frac{1}{2}(x_m-x_0)\cos\frac{(2i-1)\pi}{2m} \tag{3-38}$$

式中，$i=1$、2、$\cdots$、m，m 为插值结点总数。

2. 计算实例

【例 3-7】　如图 3-14 所示，要求铰链四杆机构近似地实现期望函数 $y=\lg x$，$1\leqslant x\leqslant2$。

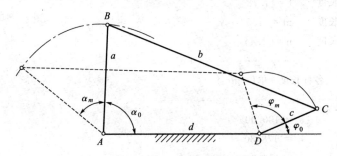

图 3-14　按期望函数设计四杆机构

3. 程序设计

下面结合实例来介绍按期望函数设计四杆机构的程序设计具体步骤：

(1) 根据已知条件 $x_0=1$，$x_m=2$，可求得 y_0 和 y_m；

(2) 根据经验或通过计算，试取主、从动件的转角范围分别为 $\alpha_m=60°$，$\varphi_m=90°$（一般 α_m、φ_m 应选得小于 $120°$），则自变量和函数与转角之间的比例尺分别为

$$\mu_\alpha=(x_m-x_0)/\alpha_m,\mu_\varphi=(y_m-y_0)/\varphi_m$$

(3) 设取结点总数 $m=3$，由式(3-38)可求得各结点处的有关数值；

(4) 试取初始角 $\alpha_0=86°$、$\varphi_0=23.5°$（通过试算确定）；

(5) 将以上各参数代入式(3-34)中，可得一线性方程组。解之，可求得各杆的相对长度 l、m 和 n。

主程序 link_design_main2

****

```
clear;
%1. 根据已知参数,计算初始值
```

```
xm＝2;x0＝1;
ym＝log10(xm);
y0＝log10(x0);
```

%2. 主、从动件的转角范围
```
alpha＿m＝60;phi＿m＝90;
```

%3. 取结点总数 m＝3,求各结点处的有关各值
```
i＝1:3;
x＝(xm＋x0)/2－1/2＊(xm－x0)＊cos((2＊i－1)＊pi/2/3);
y＝log10(x);
alpha＝(x－x0)/(xm－x0)＊alpha＿m;
phi＝(y－y0)/(ym－y0)＊phi＿m;
```

%4. 取初始角
```
theta＿1＝alpha＊pi/180;
theta＿3＝phi＊pi/180;
alpha＿0＝86＊pi/180;
phi＿0＝23.5＊pi/180;
```

%5. 计算各杆长度
```
[l,m,n]＝link＿design(theta＿1,theta＿3,alpha＿0,phi＿0);
```

%6. 输出计算结果
```
disp('          计算结果：  各杆相对长度    ');
disp('─────────────────────────');
fprintf ('     连杆相对长度     l＝%3.2f  \n',l);
fprintf ('     摇杆相对长度     m＝%3.2f  \n',m);
fprintf ('     机架相对长度     n＝%3.2f  \n',n);
disp('─────────────────────────');
```

4. 运算结果

≫计算结果:各杆相对长度
─────────────────────────
连杆相对长度   l＝2.09
摇杆相对长度   m＝0.57
机架相对长度   n＝1.48
─────────────────────────

第六节　按行程速比系数及有关参数设计四杆机构

如图 3-15 所示，设已知曲柄摇杆机构摇杆 CD 的长度 l_3、摆角 φ 及行程速比系数 K，试设计此曲柄摇杆机构。

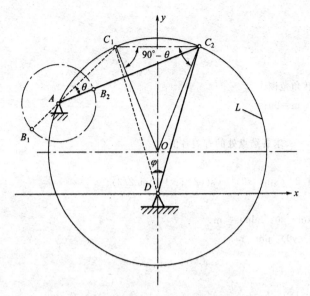

图 3-15　按行程速比系数设计曲柄摇杆机构

一、数学模型的建立

为了研究问题方便起见，令坐标的原点放在固定铰链点 D 处，且纵轴恰为摆角 φ 的角平分线。对于任意给定的行程速比系数 K，可以通过下面的公式求出曲柄的极位夹角 θ，即

$$\theta = 180° \frac{K-1}{K+1} \tag{3-39}$$

由图 3-15 可知，固定铰链中心 A 位于以 O 为圆心，通过 C_1、C_2 的圆周 L 上。该圆的半径为

$$R = \frac{x_{C_2}}{\sin\theta} \tag{3-40}$$

式中，$x_{C_2} = l_3 \sin \dfrac{\varphi}{2}$。

圆心 O 的坐标为

$$\left. \begin{array}{l} x_O = 0 \\ y_O = l_3 \cos \dfrac{\varphi}{2} - R \cos \dfrac{\theta}{2} \end{array} \right\} \tag{3-41}$$

圆周 L 的方程为

$$(x - x_O)^2 + (y - y_O)^2 = R^2 \tag{3-42}$$

从图 3-15 的角度关系可知，固定铰链中心 A 可在圆周 L 的两段圆弧上任选，在其上的所有点，都满足与 C_1、C_2 连线其夹角等于 θ 的条件，即有无穷多个解。若再给定某些附加条件，A 点的位置就受到了限制，不同附加条件对应的各构件长度的求解方法也略有差异，一般说来，加入附加条件的情况可包括如下四种：

1. 给定一条通过固定铰链 A 的直线方程

如图 3-16 所示，如果知道固定铰链 A 在某一条已知的直线上，其直线方程为

$$Ax + By - C = 0 \tag{3-43}$$

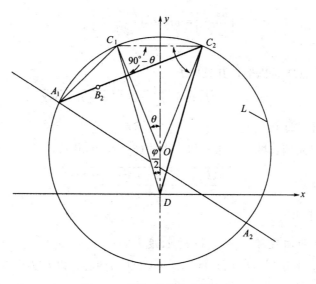

图 3-16　附加条件为直线方程

假定 $A \neq 0$，则该直线和圆周 L 的交点即为所求的固定铰链 A，为此联立式(3-42)、式(3-43) 两式求解，可求得 $A(x_A, y_A)$，一般可以找到两个符合条件的 A 点，再根据具体情况确定其中的一个。

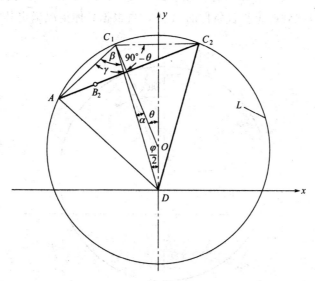

图 3-17　确定杆长分析图 1

2. 给定曲柄 AB 的长度 l_1

如图 3-17 所示，假设已经找到了 A 点，则在 $\triangle AC_1C_2$ 中，$l_{AC_1} = l_2 - l_1$，$l_{AC_2} = l_2 + l_1$，则 C_1C_2 的长度为

$$(l_{C_1C_2})^2 = (l_{AC_1})^2 + (l_{AC_2})^2 - 2l_{AC_1}l_{AC_2}\cos\theta \tag{3-44}$$

经整理得

$$l_2 = \sqrt{\frac{(l_{C_1C_2})^2/2 - l_1^2(1+\cos\theta)}{1-\cos\theta}} \tag{3-45}$$

又因为 $\alpha = \theta - \dfrac{\varphi}{2}$，$\beta = \arccos\left(\dfrac{l_{AC_1}}{2R}\right) = \arccos\left(\dfrac{l_2 - l_1}{2R}\right)$

得 $\hspace{12em} \gamma = \beta - \alpha$

在 $\triangle AC_1D$ 中，AD 为机架，其长度 l_4 为

$$l_4 = \sqrt{(l_2 - l_1)^2 + l_3^2 - 2(l_2 - l_1)l_3\cos\gamma} \tag{3-46}$$

3. 给定连杆 BC 的长度 l_2

该种情况与给定曲柄长度的算法相似，由式(3-45)解出 l_1，即

$$l_1 = \sqrt{\dfrac{(l_{C_1C_2})^2/2 - l_2{}^2(1 - \cos\theta)}{1 + \cos\theta}} \tag{3-47}$$

再由式(3-46)求出 l_4。

4. 给定机架上两固定铰链 A、D 的长度 l_4

如图 3-18 所示，若已知 AD 的长度，则可以 D 为圆心，以 l_4 为半径作一个圆 L'。其方程为

$$(x - x_D)^2 + (y - y_D)^2 = l_4^2 \tag{3-48}$$

显然，两个圆周 L 与 L' 的交点就是要找的固定铰链中心 A。由图可知，当 $l_4 < R - |y_O|$ 或 $l_4 > R + |y_O|$ 时，L 和 L' 将不会相交，即问题将无解，除去上面所述及的两种情况之外，L 与 L' 都有两个交点，且关于 y 轴对称。联立式(3-42)、式(3-48)两式求解，由此可求得 A (x_A, y_A)，一般可以找到两个符合条件的 A 点，再根据具体情况确定其中的一个。

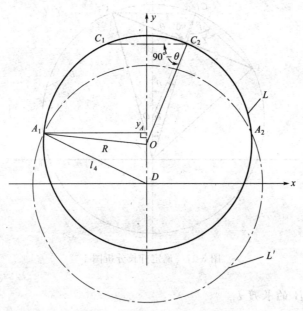

图 3-18　确定杆长分析图 2

5. 校验最小传动角 γ_{min} 是否满足要求

因为铰链四杆机构的传动效果取决于从动构件的传动角，即传动角越大，机构的传动越灵活，效率越高；相反，传动角越小，机构的传动效率就越低；传动角过小，将使机构发生自锁。为此，不论按上述哪一种情况设计出来的机构，都必须对其进行传动角的校核。校核

的方法是，先找出机构在整个运转过程中最小的传动角 γ_{min}，然后使之与事先选定的许用传动角 $[\gamma_{min}]$ 进行比较，若满足 $\gamma_{min} \geq [\gamma_{min}]$，则认为机构的设计是合理可行的，否则，认为设计不可行。

在图 3-19 所示的四杆机构中，最小传动角位于曲柄和机架共线的两个位置之一，这时有

$$\left.\begin{array}{l} \gamma_1 = \arccos \dfrac{l_2^2 + l_3^2 - (l_4 - l_1)^2}{2 l_2 l_3} \\[4mm] \gamma_2 = 180° - \arccos \dfrac{l_2^2 + l_3^2 - (l_4 + l_1)^2}{2 l_2 l_3} \end{array}\right\} \tag{3-49}$$

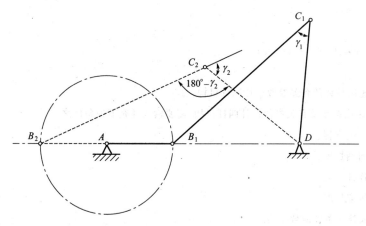

图 3-19　最小传动角的两个位置

二、计算实例

【例 3-8】 已知连杆机构行程速比系数 $K = 1.25$，摇杆 CD 的长度 $l_3 = 290\text{mm}$，摆角 $\varphi = 34°$，许用最小传动角 $[\gamma_{min}] = 40°$，分别按下列不同的条件，设计一个曲柄摇杆机构，并校验其最小传动角 γ_{min} 是否满足要求。

（1）已知固定铰链 A 在直线 $x + y = 0$ 上；

（2）已知曲柄长度 $l_1 = 77\text{mm}$；

（3）已知连杆长度 $l_2 = 215\text{mm}$；

（4）已知机架长度 $l_4 = 277\text{mm}$。

三、程序设计

1. 主程序 link_6_main 文件

```
*************************************************************
%1. 已知参数和初始数据
clear;
x0=[-100;100];
global k theta l3 phi xc2 R xo yo l4 A B C
k=1.25;                    % 行程速比系数
theta=pi*(k-1)/(k+1);      % 极位夹角
```

```matlab
l3=290;                    % 摇杆长度
phi=34*pi/180;             % 摇杆摆角
gamin=40*pi/180;           % 最小传动角
xc2=l3*sin(phi/2);
R=xc2/sin(theta);
xc2=l3*sin(phi/2);
yc2=l3*cos(phi/2);
xc1=-xc2;
yc1=yc2;
R=xc2/sin(theta);
xo=0;
yo=l3*cos(phi/2)-R*cos(theta);


%2.按行程速比系数及有关参数设计四杆机构
disp('按行程速比系数及有关参数设计四杆机构,需要输入补充下列条件之一:');
disp('1 输入直线方程;');
disp('2 输入曲柄长度;');
disp('3 输入连杆长度;');
disp('4 输入机架长度;');
i=input('输入补充条件前数字为 ');
switch i
case 1
disp('请输入直线方程,参考 Ax+By=C');
A=input('A=');
B=input('B=');
C=input('C=');
x=fsolve(@link_6_CO,x0);
xa=x(1);ya=x(2);
l4=sqrt((xa-0)^2+(ya-0)^2);
lac1=sqrt((xa-xc1)^2+(ya-yc1)^2);
lac2=sqrt((xa-xc2)^2+(ya-yc2)^2);
l2=(lac2+lac1)/2;
l1=(lac2-lac1)/2;
case 2
disp('请输入曲柄长度');
l1=input('l1=');
l2=sqrt(((xc2-xc1)^2/2-l1^2*(1+cos(theta)))/(1-cos(theta)));
lac1=l2-l1;
lac2=l2+l1;
alpha=theta-phi/2;
```

```
beta＝acos((l2 - l1)/(2 * R));
gama＝beta - alpha;
l4＝sqrt((l2 - l1)^2 + l3^2 - 2*(l2 - l1)*l3*cos(gama));
case 3
disp('请输入连杆长度');
l2＝input('l2＝');
l1＝sqrt(((xc2 - xc1)^2/2 - l2^2*(1 - cos(theta)))/(1 + cos(theta)));
%lac1＝l2 - l1;
%lac2＝l2 + l1;
alpha＝theta - phi/2;
beta＝acos((l2 - l1)/(2 * R));
gama＝beta - alpha;
l4＝sqrt((l2 - l1)^2 + l3^2 - 2*(l2 - l1)*l3*cos(gama));
case 4
disp('请输入机架长度');
l4＝input('l4＝');
x＝fsolve(@link _ 6 _ AD,x0);
xa＝x(1);ya＝x(2);
lac1＝sqrt((xa - xc1)^2 + (ya - yc1)^2);
lac2＝sqrt((xa - xc2)^2 + (ya - yc2)^2);
l2＝(lac2 + lac1)/2;
l1＝(lac2 - lac1)/2;
end


%3. 验证最小传动角
gama1＝acos((l2^2 + l3^2 - (l4 - l1)^2)/(2 * l2 * l3));
gama2＝pi - acos((l2^2 + l3^2 - (l4 + l1)^2)/(2 * l2 * l3));
gama1＝gama1 * 180/pi;
gama2＝gama2 * 180/pi;
if gama2＞90
    gama2＝180 - gama2;
end


%4. 输出计算结果
disp('------------------------------------');
disp('计算结果1： 各杆长度 (单位 mm)      ');
disp('------------------------------------');
fprintf('曲柄长度    l1 ＝ %3.2f   \n',l1);
fprintf('连杆长度    l2 ＝ %3.2f   \n',l2);
fprintf('摇杆长度    l3 ＝ %3.2f   \n',l3);
```

```
fprintf ('机架长度    l4 = %3.2f  \ n',l4);
disp('----------------------------------------');
disp('计算结果 2：  最小传动角 γ  ');
disp('----------------------------------------');
fprintf ('最小传动角   γ1 = %3.2f  \ n',gama1);
fprintf ('最小传动角   γ2 = %3.2f  \ n',gama2);
disp('----------------------------------------');
```

2. 子函数 link _ 6 _ CO 文件

```
* * * * * * * * * * * * * * * * * * * * * * * * * * * * * * * * * * * * * * * * * * * * * * * * * * * *
%铰链四杆机构非线性参数方程组
function f＝link _ 6 _ CO(x)
global k theta l3 phi xc2 R xo yo A B C
xa＝x(1);ya＝x(2);
%x(1)是曲柄长度;x(2)是连杆长度;x(3)是机架长度;x(4)是摇杆初始位置角
f1＝(xa-xo)^2 + (ya-yo)^2-R^2;
f2＝A* xa + B* ya + C;
f＝[f1;f2];
```

3. 子函数 link _ 6 _ AD 文件

```
* * * * * * * * * * * * * * * * * * * * * * * * * * * * * * * * * * * * * * * * * * * * * * * * * * * *
%铰链四杆机构非线性参数方程组
function f＝link _ 6 _ AD(x)
global k theta l3 phi xc2 R xo yo l4
xa＝x(1);ya＝x(2);
%x(1)是曲柄长度;x(2)是连杆长度;x(3)是机架长度;x(4)是摇杆初始位置角
f1＝(xa-xo)^2 + (ya-yo)^2-R^2;
f2＝(xa)^2 + (ya)^2 - l4^2;
f＝[f1;f2];
```

四、运算结果

```
≫按行程速比系数及有关参数设计四杆机构,需要输入补充下列条件之一:
1 输入直线方程;
2 输入曲柄长度;
3 输入连杆长度;
4 输入机架长度;
输入补充条件前数字为 1
请输入直线方程,参考 Ax + By=C
A=1
B=1
C=0
--------------------------------------------------
计算结果 1：  各杆长度 (单位 mm)
--------------------------------------------------
```

曲柄长度　l1 = 77.29
连杆长度　l2 = 215.09
摇杆长度　l3 = 290.00
机架长度　l4 = 277.29

计算结果 2： 最小传动角 γ

最小传动角　γ1 = 43.58
最小传动角　γ2 = 87.87

输入补充条件前数字为 2
请输入曲柄长度
l1 = 77

计算结果 1： 各杆长度（单位 mm）

曲柄长度　l1 = 77.00
连杆长度　l2 = 218.44
摇杆长度　l3 = 290.00
机架长度　l4 = 276.80

计算结果 2： 最小传动角 γ

最小传动角　γ1 = 43.50
最小传动角　γ2 = 87.00

输入补充条件前数字为 3
请输入连杆长度
l2 = 215

计算结果 1： 各杆长度（单位 mm）

曲柄长度　l1 = 77.30
连杆长度　l2 = 215.00
摇杆长度　l3 = 290.00
机架长度　l4 = 277.30

计算结果 2： 最小传动角 γ

最小传动角　γ1 = 43.59
最小传动角　γ2 = 87.89

输入补充条件前数字为 4
请输入机架长度

l4＝277

计算结果 1：　各杆长度（单位 mm）

曲柄长度　l1 ＝ 77.12
连杆长度　l2 ＝ 217.08
摇杆长度　l3 ＝ 290.00
机架长度　l4 ＝ 277.00

计算结果 2：　最小传动角 γ

最小传动角　γ1 ＝ 43.54
最小传动角　γ2 ＝ 87.35

习　　题

3-1　如图所示的铰链四杆机构中，各杆的长度为 $l_1 ＝ 28mm$，$l_2 ＝ 52mm$，$l_3 ＝ 50mm$，$l_4 ＝ 72mm$，当取杆 4 为机架，构件 AB 为原动件时，试确定：

（1）该机构的类型；

（2）机构的极位夹角 θ、杆 3 的最大摆角 φ 和行程速比系数 K；

（3）传动角的变化规律和最小传动角 γ_{min}。

3-2　图示连杆机构中，已知各构件的尺寸为：$l_{AB} ＝ 160mm$，$l_{BC} ＝ 260mm$，$l_{CD} ＝ 200mm$，$l_{AD} ＝ 80mm$。构件 AB 为原动件，沿顺时针方向匀速回转，试确定：

（1）四杆机构 ABCD 的类型；

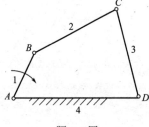

题 3-1 图

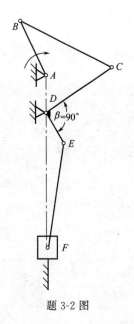

题 3-2 图

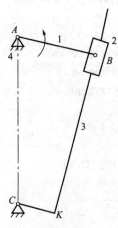

题 3-3 图

（2）该四杆机构传动角的变化规律和最小传动角 $\gamma_{\min}$；

（3）滑块 F 的行程速比系数 K。

3-3　在如图所示的导杆机构中，以曲柄 AB 为原动件，以匀角速度逆时针旋转，$l_{AB}=100\text{mm}$，$l_{AC}=200\text{mm}$，$l_{CK}=40\text{mm}$，试求传动角的变化规律和最小传动角 $\gamma_{\min}$。

3-4　图示为一电炉的炉门，在关闭时为位置 E_1，开启时为位置 E_2，试设计一四杆机构来操作炉门的启闭。炉门有关尺寸如图所示。

3-5　试设计一个夹紧机构，拟采用全铰链四杆机构 $ABCD$。已知连杆的两个位置如图所示：$x_{P_1}=0.5$，$y_{P_1}=0.5$，$\theta_1=20°$；$x_{P_2}=1.5$，$y_{P_2}=1.8$，$\theta_2=38°$，如图所示。连杆到达第二位置时为夹紧位置，即若以 CD 为主动件，则在此位置时，机构应处于死点位置，并且要求此时 C_2D 处于垂直位置。

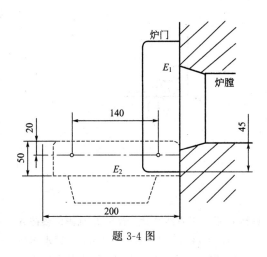

题 3-4 图

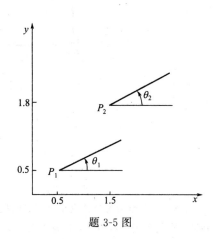

题 3-5 图

3-6　如图所示，若已知某刚性构件上的一点 P 在运动过程中依次通过三个位置，其位置参数分别是：$x_{P_1}=1$，$y_{P_1}=1$，$\varphi_1=0°$；$x_{P_2}=2$，$y_{P_2}=0.5$，$\varphi_2=0°$；$x_{P_3}=3$，$y_{P_3}=1.5$，$\varphi_3=45°$。今先选定机架上两个固定铰链坐标为 $A(0,0)$ 和 $D(5,0)$。试设计一个以该刚性构件为连杆的铰链四杆机构。

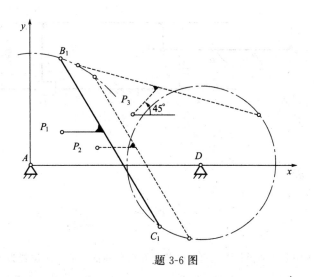

题 3-6 图

3-7 某装配线需设计一输送工件的四杆机构，要求将工件从传送带 C_1 经图示中间位置输送到传送带 C_2 上。给定工件的三个方位为：$M_1(204,-30)$，$\theta_{21}=0°$；$M_2(144,80)$，$\theta_{22}=22°$；$M_3(34,100)$，$\theta_{23}=68°$。初步预选两个固定铰链的位置为 $A(0,0)$，$D(34,-83)$。试设计此四杆机构。

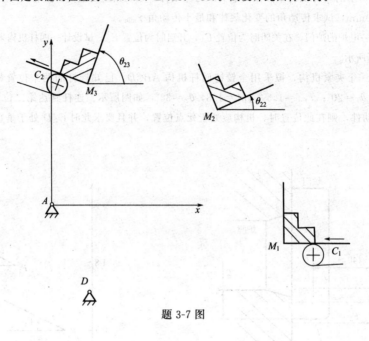

题 3-7 图

3-8 如图所示为公共汽车车门启闭机构。已知车门上铰链 C 沿水平直线移动，铰链 B 绕固定铰链 A 转动，车门关闭位置与开启位置夹角为 $\alpha=115°$，$AB_1//C_1C_2$，$l_{BC}=400\text{mm}$，$l_{C_1C_2}=550\text{mm}$。试求构件 AB 长度，验算最小传动角，并绘出在运动中车门所占据的空间（作为公共汽车的车门，要求其在启闭中所占据的空间越小越好）。

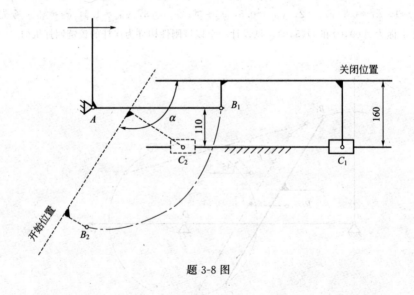

题 3-8 图

3-9 如图所示为某仪表中采用的摇杆滑块机构，若已知滑块和摇杆的对应位置为 $S_1=36\text{mm}$，$S_{12}=8\text{mm}$，$S_{23}=9\text{mm}$，$\varphi_{12}=25°$，$\varphi_{23}=35°$，摇杆的第 II 位置在铅垂方向上。滑块上铰链点取在 B 点，偏距 e

＝28mm，试确定曲柄和连杆长度。

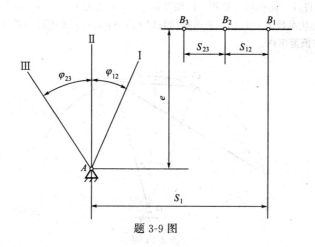

题 3-9 图

3-10　图示为一已知的曲柄摇杆机构，现要求用一连杆将摇杆 CD 和一滑块 F 连接起来，使摇杆的三个已知位置 C_1D、C_2D、C_3D 和滑块的三个位置 F_1、F_2、F_3 相对应，尺寸如图所示，试确定此连杆的长度及其与摇杆 CD 铰接点的位置。

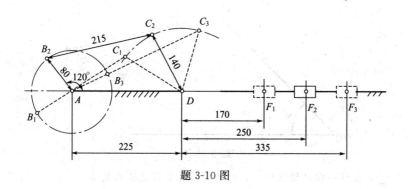

题 3-10 图

3-11　如图所示，设要求四杆机构两连架杆的三组对应位置分别为：$\alpha_1 = 35°$，$\varphi_1 = 50°$；$\alpha_2 = 80°$，$\varphi_2 = 75°$；$\alpha_3 = 125°$，$\varphi_3 = 105°$。试设计此四杆机构。

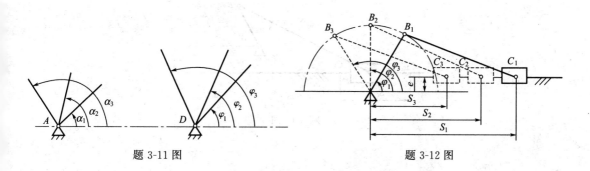

题 3-11 图　　　　　　　　　　　题 3-12 图

3-12　设计一曲柄滑块机构，使曲柄与滑块的对应位置为 $\varphi_1 = 60°$，$S_1 = 36\text{mm}$；$\varphi_2 = 85°$，$S_2 = 28\text{mm}$；$\varphi_3 = 120°$，$S_3 = 19\text{mm}$，如图所示。

3-13　试设计一四杆机构，使其两连架杆的转角关系能实现期望函数 $y=\sqrt{x}$，其中 $1\leqslant x\leqslant10$。

3-14　如图所示，设计一曲柄摇杆机构，已知其摇杆 CD 的长度 $l_{CD}=290$mm，摇杆两极限位置间的夹角 $\varphi=32°$，行程速度变化系数 $K=1.25$，若曲柄的长度 $l_{AB}=75$mm，求连杆的长度 l_{BC} 和机架的长度 l_{AD}，并校验 $\gamma_{\min}$ 是否在允许值范围内。

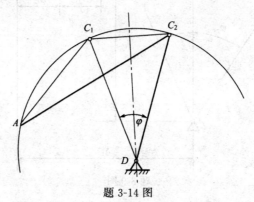

题 3-14 图

3-15　如图所示，现欲设计一铰链四杆机构，设已知其摇杆 CD 的长 $l_{CD}=75$mm，行程速比系数 $K=1.5$，机架 AD 的长度为 $l_{AD}=100$mm，又知摇杆的一个极限位置与机架间的夹角为 $\varphi=45°$，试求其曲柄的长度 l_{AB} 和连杆的长度 l_{BC}。

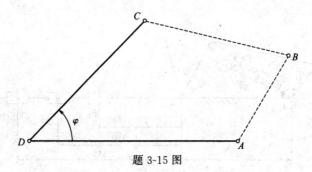

题 3-15 图

3-16　如图所示，设计一曲柄滑块机构，已知滑块的行程速比系数 $K=1.5$，滑块的冲程 $S_{C_1C_2}=50$mm，导路的偏距 $e=20$mm，求：

(1) 曲柄长度 l_{AB}、连杆长度 l_{BC}；

(2) 压力角的变化规律和最大压力角 $\alpha_{\max}$。

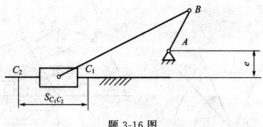

题 3-16 图

第四章 凸轮机构设计

用解析法设计凸轮轮廓曲线，就是根据工作所要求的推杆运动规律和已知的机构参数，确定出凸轮轮廓曲线的方程式，其关键是建立推杆的运动规律和凸轮轮廓曲线的关系方程。

第一节 推杆常用的运动规律

推杆的运动规律，是指推杆在运动时，其位移、速度和加速度随时间的变化规律。推杆常用的运动规律主要有以下 4 种：

（1）等速运动规律，就是推杆作等速运动。

（2）等加速等减速运动规律，就是推杆作等加速等减速运动。一般加速段和减速段的时间相等。

（3）余弦加速度运动规律，也称简谐运动规律。推杆运动时，其加速度按余弦规律变化。

（4）正弦加速度运动规律，也称摆线运动规律。推杆运动时，其加速度按正弦规律变化。

表 4-1 中列出了上述四种运动规律在推程和回程时的计算公式，其中凸轮的任意转角用 δ 表示，推程和回程运动角分别用 δ_0 和 δ_0' 表示。

表 4-1 推杆常用运动规律公式

运动规律	运动方程式	
	推程	回程
等速运动	$s = h\dfrac{\delta}{\delta_0}$ $v = h\dfrac{\omega}{\delta_0}$	$s = h - h\dfrac{\delta}{\delta_0'}$ $v = -h\dfrac{\omega}{\delta_0'}$

续表

运动规律	运动方程式	
	推程	回程
等加速等减速运动	$0<\delta\leqslant\dfrac{\delta_0}{2}$	$0<\delta\leqslant\dfrac{\delta_0'}{2}$
	$s=2h\dfrac{\delta^2}{\delta_0^2}$	$s=h-2h\dfrac{\delta^2}{\delta_0'^2}$
	$v=4h\omega\dfrac{\delta}{\delta_0^2}$	$v=-4h\omega\dfrac{\delta}{\delta_0'^2}$
	$a=4h\dfrac{\omega^2}{\delta_0^2}$	$a=-4h\dfrac{\omega^2}{\delta_0'^2}$
	$\dfrac{\delta_0}{2}<\delta\leqslant\delta_0$	$\dfrac{\delta_0'}{2}<\delta\leqslant\delta_0'$
	$s=h-2h\dfrac{(\delta_0-\delta)^2}{\delta_0^2}$	$s=2h\dfrac{(\delta_0'-\delta)^2}{\delta_0'^2}$
	$v=4h\omega\dfrac{(\delta_0-\delta)}{\delta_0^2}$	$v=-4h\omega\dfrac{(\delta_0'-\delta)}{\delta_0'^2}$
	$a=-4h\dfrac{\omega^2}{\delta_0^2}$	$a=4h\dfrac{\omega^2}{\delta_0'^2}$
余弦加速度运动（简谐运动）	$s=\dfrac{h}{2}\left[1-\cos\left(\dfrac{\pi\delta}{\delta_0}\right)\right]$	$s=\dfrac{h}{2}\left[1+\cos\left(\dfrac{\pi\delta}{\delta_0'}\right)\right]$
	$v=\dfrac{\pi h\omega}{2\delta_0}\sin\left(\dfrac{\pi\delta}{\delta_0}\right)$	$v=-\dfrac{\pi h\omega}{2\delta_0'}\sin\left(\dfrac{\pi\delta}{\delta_0'}\right)$
	$a=\dfrac{\pi^2 h\omega^2}{2\delta_0^2}\cos\left(\dfrac{\pi\delta}{\delta_0}\right)$	$a=-\dfrac{\pi^2 h\omega^2}{2\delta_0'^2}\cos\left(\dfrac{\pi\delta}{\delta_0'}\right)$
正弦加速度运动（摆线运动）	$s=h\left[\dfrac{\delta}{\delta_0}-\dfrac{1}{2\pi}\sin\left(\dfrac{2\pi\delta}{\delta_0}\right)\right]$	$s=h-h\left[\dfrac{\delta}{\delta_0'}-\dfrac{1}{2\pi}\sin\left(\dfrac{2\pi\delta}{\delta_0'}\right)\right]$
	$v=\dfrac{h\omega}{\delta_0}\left[1-\cos\left(\dfrac{2\pi\delta}{\delta_0}\right)\right]$	$v=-\dfrac{h\omega}{\delta_0'}\left[1-\cos\left(\dfrac{2\pi\delta}{\delta_0'}\right)\right]$
	$a=\dfrac{2\pi h\omega^2}{\delta_0^2}\sin\left(\dfrac{2\pi\delta}{\delta_0}\right)$	$a=-\dfrac{2\pi h\omega^2}{\delta_0'^2}\sin\left(\dfrac{2\pi\delta}{\delta_0'}\right)$

第二节　凸轮轮廓曲线的设计

一、凸轮轮廓曲线的数学模型

由反转法原理，可以建立推杆的运动规律和凸轮轮廓曲线的关系表达式。建立凸轮轮廓曲线的直角坐标方程的一般步骤为：

（1）画出基圆及推杆的起始位置，并定出推杆在理论廓线上的起始位置 B_0 点，然后建立直角坐标系。

（2）根据反转法，求出推杆反转 δ 角时，推杆尖端 B 点的坐标方程，得理论廓线方程。

（3）求出理论廓线上点 B 处的法线及法线与实际廓线的交点 B'，B' 点的坐标方程即为实际廓线方程。

1. 偏置直动滚子推杆盘形凸轮

已知凸轮基圆半径 r_0，滚子半径 r_r，偏距 e，推杆的运动规律 $s=s(\delta)$，并已知凸轮以

匀角速度 ω 逆时针回转。

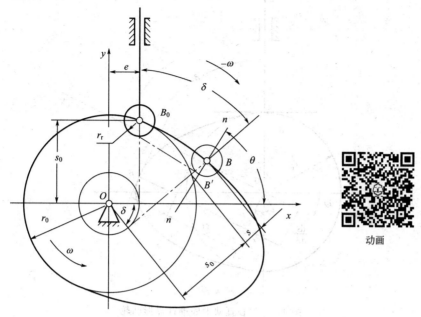

图 4-1　偏置直动滚子推杆盘形凸轮

由图 4-1 可求出偏置直动滚子推杆盘形凸轮理论廓线上 B 点的直角坐标为

$$\left.\begin{array}{l} x=(s_0+s)\sin\delta+e\cos\delta \\ y=(s_0+s)\cos\delta-e\sin\delta \end{array}\right\} \tag{4-1}$$

式中 $s_0=\sqrt{r_0^2-e^2}$ 。

实际廓线上 B' 点的直角坐标为

$$\left.\begin{array}{l} x'=x\mp r_{\mathrm{r}}\cos\theta \\ y'=y\mp r_{\mathrm{r}}\sin\theta \end{array}\right\} \tag{4-2}$$

理论廓线上 B 点处法线 n-n 的斜率 $\tan\theta$ 为

$$\tan\theta=\frac{\mathrm{d}x/\mathrm{d}\delta}{-\mathrm{d}y/\mathrm{d}\delta} \tag{4-3}$$

2. 对心直动平底推杆盘形凸轮

已知凸轮基圆半径 r_0，推杆的运动规律 $s=s(\delta)$，凸轮以匀角速度 ω 逆时针回转。

由图 4-2 可求出对心直动平底推杆盘形凸轮实际廓线上 B 点的直角坐标为

$$\left.\begin{array}{l} x=(r_0+s)\sin\delta+\left(\dfrac{\mathrm{d}s}{\mathrm{d}\delta}\right)\cos\delta \\[2mm] y=(r_0+s)\cos\delta-\left(\dfrac{\mathrm{d}s}{\mathrm{d}\delta}\right)\sin\delta \end{array}\right\} \tag{4-4}$$

3. 摆动滚子推杆盘形凸轮

已知凸轮基圆半径 r_0，滚子半径 r_{r}，中心距 a，摆杆长度 l，摆杆的运动规律 $\varphi=\varphi(\delta)$，并已知凸轮以匀角速度 ω 逆时针回转。

由图 4-3 可求出摆动滚子推杆盘形凸轮理论廓线上 B 点的直角坐标为

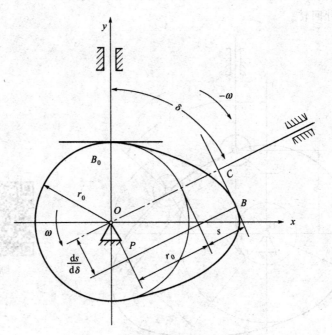

图 4-2　对心直动平底推杆盘形凸轮

$$
\left.
\begin{aligned}
x &= a\sin\delta - l\sin(\delta+\varphi+\varphi_0) \\
y &= a\cos\delta - l\cos(\delta+\varphi+\varphi_0)
\end{aligned}
\right\}
\tag{4-5}
$$

式中，φ_0 为推杆的初始位置角，其值为

$$
\varphi_0 = \arccos\sqrt{\frac{a^2+l^2-r_0^2}{2al}} \tag{4-6}
$$

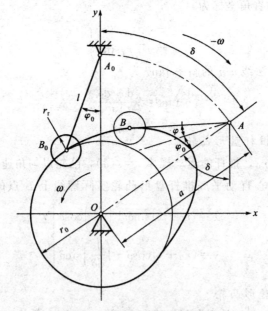

图 4-3　摆动滚子推杆盘形凸轮

实际廓线上点的直角坐标仍按照式(4-2)计算。

二、程序设计流程图

凸轮轮廓曲线程序设计的基本流程如图 4-4 所示。首先输入凸轮结构参数，其次计算推杆的运动规律，接下来计算凸轮的理论廓线和实际廓线上点的坐标，最后绘制凸轮轮廓曲线。

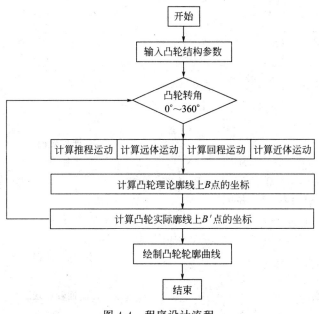

图 4-4　程序设计流程

第三节　程序设计实例

一、偏置直动滚子推杆盘形凸轮轮廓曲线设计

1. 计算实例

【例 4-1】　设计一偏置直动滚子推杆盘形凸轮机构。已知偏距 $e=15\text{mm}$，基圆半径 $r_0=40\text{mm}$，滚子半径 $r_r=10\text{mm}$，凸轮的推程运动角为 $100°$，远休角为 $60°$，回程运动角为 $90°$，近休角为 $110°$，推杆在推程以等加速等减速运动规律上升，升程 $h=60\text{mm}$，回程以简谐运动规律返回原处，凸轮逆时针方向回转，推杆偏于凸轮回转中心的右侧。

2. 程序设计

凸轮轮廓曲线设计程序 cam1 文件

```
******************************************************************
%1. 已知参数
clear;
r0=40;  % 基圆半径
rr=10;  % 滚子半径
h=60;   % 行程
```

```
e=15;    % 偏距
delta01=100;    % 推程运动角-等加速等减速
delta02=60;    % 远休角
delta03=90;    % 回程运动角-余弦运动
hd=pi/180;du=180/pi;
se=sqrt(r0 * r0 - e * e);
n1=delta01 + delta02;
n3=delta01 + delta02 + delta03;


%2. 凸轮曲线设计
n=360
for i=1:n
    %············ 计算推杆运动规律 ············
    if i<=delta01/2                                    % 推程阶段
        s(i)=2 * h * i ^ 2/delta01 ^ 2;                % 等加速
        ds(i)=4 * h * i * hd/(delta01 * hd) ^ 2;ds=ds(i);
    elseif i>delta01/2 & i<=delta01
        s(i)=h - 2 * h * (delta01 - i) ^ 2/delta01 ^ 2;    % 等减速
        ds(i)=4 * h * (delta01 - i) * hd/(delta01 * hd) ^ 2;ds=ds(i);
    elseif i>delta01 & i<=n1                           % 远休阶段
        s(i)=h;ds=0;
    elseif i>n1 & i<=n3                                % 回程阶段
        k=i - n1;
        s(i)=0.5 * h * (1 + cos(pi * k/delta03));      % 余弦运动
        ds(i)= - 0.5 * pi * h * sin(pi * k/delta03)/(delta03 * hd) ^ 2;ds=ds(i);
    elseif  i>n3 & i<=n                                % 近休阶段
        s(i)=0;;ds=0;
    end
    %············ MATLAB ··········· 计算凸轮轨迹曲线 ············
    xx(i)=(se + s(i)) * sin(i * hd) + e * cos(i * hd);        % 计算理论轮廓曲线
    yy(i)=(se + s(i)) * cos(i * hd) - e * sin(i * hd);
    dx(i)=(ds - e) * sin(i * hd) + (se + s(i)) * cos(i * hd); % 计算导数
    dy(i)=(ds - e) * cos(i * hd) - (se + s(i)) * sin(i * hd);
    xp(i)=xx(i) + rr * dy(i)/sqrt(dx(i) ^ 2 + dy(i) ^ 2);     % 计算实际轮廓曲线
    yp(i)=yy(i) - rr * dx(i)/sqrt(dx(i) ^ 2 + dy(i) ^ 2);
end


%3. 输出凸轮轮廓曲线
figure(1);
hold on;grid on;axis equal;
axis([ - (r0 + h - 30) (r0 + h + 10) - (r0 + h + 10) (r0 + rr + 10)]);
text(r0 + h + 3,4,'X');
text(3,r0 + rr + 3,'Y');
text( - 6,4,'O');
```

```
title('偏置直动滚子推杆盘形凸轮设计');
xlabel('x/mm')
ylabel('y/mm')
plot([-(r0+h-40) (r0+h)],[0 0],'k');
plot([0 0],[-(r0+h) (r0+rr)],'k');
plot(xx,yy,'r-');                         % 绘凸轮理论轮廓曲线
ct=linspace(0,2*pi);
plot(r0*cos(ct),r0*sin(ct),'g');          % 绘凸轮基圆
plot(e*cos(ct),e*sin(ct),'c-');           % 绘凸轮偏距圆
plot(e+rr*cos(ct),se+rr*sin(ct),'k');     % 绘滚子圆
plot(e,se,'o');                           % 滚子圆中心
plot([e e],[se se+30],'k');
plot(xp,yp,'b');                          % 绘凸轮实际轮廓曲线

%4. 凸轮机构运动仿真
%·············计算滚子转角·····················
xp0=(r0-rr)/r0*e;                         % 实际轮廓曲线坐标初始点
yp0=(r0-rr)/r0*se;
dss=sqrt(diff(xp).^2+diff(yp).^2);        % 对实际轮廓曲线进行差分计算
ss(1)=sqrt((xp(1)-xp0)^2+(xp(1)-yp0)^2);  % 轮廓曲线第一点长度
for i=1:359
    ss(i+1)=ss(i)+dss(i);                 % 计算实际轮廓曲线长度
end
phi=ss/rr;                                % 计算滚子转角
%················运动仿真开始···················
figure(2)
m=moviein(20);
j=0;
for i=1:360
    j=j+1;
    delta(i)=i*hd;                        % 凸轮转角
    xy=[xp',yp'];                         % 凸轮实际轮廓曲线坐标
    A1=[cos(delta(i)), sin(delta(i));     % 凸轮曲线坐标旋转矩阵
        -sin(delta(i)),cos(delta(i))];
    xy=xy*A1;                             % 旋转后实际凸轮轮廓曲线坐标
    clf;
    %·············绘凸轮···················
    plot(xy(:,1),xy(:,2));                % 绘凸轮
    hold on; axis equal;
    axis([-(120) (470) -(100) (140)]);
    plot([-(r0+h-40) (r0+h)],[0 0],'k');  % 绘凸轮水平轴
    plot([0 0],[-(r0+h) (r0+rr)],'k');    % 绘凸轮垂直轴
    plot(r0*cos(ct),r0*sin(ct),'g');      % 绘基圆
    plot(e*cos(ct),e*sin(ct),'c-');       % 绘偏距圆
    plot(e+rr*cos(ct),se+s(i)+rr*sin(ct),'k'); % 绘滚子圆
    plot([e e+rr*cos(-phi(i))],[se+s(i) se+s(i)+rr*sin(-phi(i))],'k');
    % 绘滚子圆标线
    plot([e e],[se+s(i) se+s(i)+40],'k'); % 绘推杆
```

```
%··············绘推杆曲线··············
plot([1:360] + r0 + h, s + se);                  % 绘推杆曲线
plot([(r0 + h) (r0 + h + 360)], [se se], 'k');   % 绘推杆垂直轴
plot([(r0 + h) (r0 + h)], [se se + h], 'k');     % 绘推杆水平轴
plot(i + r0 + h, s(i) + se, '*');                % 绘推杆曲线坐标动点
title('偏置直动滚子推杆盘形凸轮设计');
xlabel('x/mm')
ylabel('y/mm')
m(j) = getframe;
end
movie(m);
```

3. 运算结果

图 4-5 为偏置直动滚子推杆盘形凸轮机构的凸轮轮廓曲线。

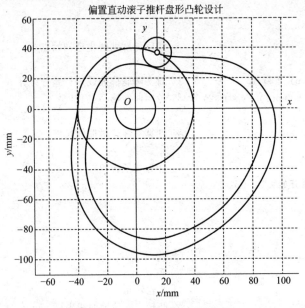

彩图

（a）凸轮轮廓曲线

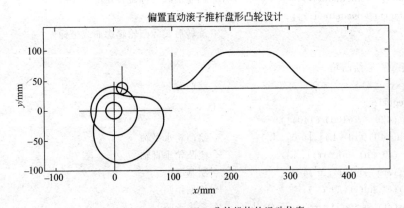

动画

（b）凸轮机构的运动仿真

图 4-5　偏置直动滚子推杆盘形凸轮机构

二、对心直动平底推杆盘形凸轮轮廓曲线设计

1. 计算实例

【例4-2】 已知凸轮基圆半径$r_0 = 30$mm，推杆平底与导轨的中心线垂直，凸轮逆时针方向转动。当凸轮转过120°时，推杆以余弦加速度运动上升20mm，再转过150°时，推杆又以余弦加速度运动回到原位，凸轮转过其余90°时，推杆静止不动。试设计凸轮的工作廓线。

2. 程序设计

凸轮轮廓曲线设计程序cam2文件

```
* * * * * * * * * * * * * * * * * * * * * * * * * * * * * * * * * * * * * * * * * *
%1. 已知参数
clear;
r0＝30；              % 基圆半径
h＝20；               % 行程
delta0＝120；          % 推程运动角
delta1＝0；            % 远休角
delta01＝150；         % 回程运动角
delta2＝90；           % 近休角
hd＝pi/180；
du＝180/pi；


%2. 凸轮曲线设计
n＝360；
for i＝1:n
    %················ 计算推杆运动规律 ················
    if i<＝delta0        %推程阶段
      s(i)＝h*(1 - cos(pi* i/delta0))/2；   %余弦运动
      ds(i)＝pi* h* sin(pi* i/delta0)/(2* delta0* hd)；ds＝ds(i)；
    elseif (i - delta0)<＝150   %回程阶段
      s(i)＝h*(1 + cos(pi*(i - delta0)/delta01))/2；%余弦运动
      ds(i)＝ - pi* h* sin(pi*(i - delta0)/delta01)/(2* delta01* hd)；ds＝ds(i)；
    elseif (i - delta0 - delta01)<＝90   %近休阶段
      s(i)＝0；ds＝0；
    end
    %················ 计算凸轮轨迹曲线 ················
    x(i)＝(r0 + s(i))* sin(i* hd) + ds* cos(i* hd)；
    y(i)＝(r0 + s(i))* cos(i* hd) - ds* sin(i* hd)；
end


%3. 输出凸轮轮廓曲线
```

```matlab
figure(1);
hold on;grid on;axis equal;
axis([ -(r0＋h＋20) (r0＋h＋20) -(r0＋h) (r0＋h＋20)]);
text(r0＋h＋3,4,'X');
text(3,r0＋h＋15,'Y');
text( -4,3,'O');
title('对心平底直动推杆盘形凸轮设计');
xlabel('x/mm')
ylabel('y/mm')
hold on;grid on;
plot([ -(r0＋h＋10) (r0＋h＋10)],[0 0],'k');          % 绘凸轮水平轴
plot([0 0],[ -(r0＋h) (r0＋h)],'k');                 % 绘凸轮垂直轴
plot([ -32 32],[r0 r0],'r');                         %绘推杆
plot([0 0],[r0 (r0＋40)],'r');
plot(x,y,'b -');                                     % 绘凸轮轮廓曲线
ct＝linspace(0,2*pi);
plot(r0*cos(ct),r0*sin(ct),'g');                     % 绘凸轮基圆


%4. 凸轮机构运动仿真
figure(2)
m＝moviein(20);
j＝0;
for i＝1:360
    j＝j＋1;
    delta(i)＝i*hd;                                   % 凸轮转角
    xy＝[x',y'];                                      % 凸轮实际轮廓曲线坐标
    A1＝[cos(delta(i)),   sin(delta(i));              % 凸轮曲线坐标旋转矩阵
        -sin(delta(i)), cos(delta(i))];
    xy＝xy*A1;                                        % 旋转后实际凸轮轮廓曲线坐标
    clf;
    %---------------- 绘凸轮----------------
    plot(xy(:,1),xy(:,2));                           % 绘凸轮
    hold on; axis equal;axis([ -80 420 -70 100]);
    plot([ -(r0＋h＋20) (r0＋h＋10)],[0 0],'k');       % 绘凸轮水平轴
    plot([0 0],[ -(r0＋h＋10) (r0＋h＋10)],'k');       % 绘凸轮垂直轴
    plot(r0*cos(ct),r0*sin(ct),'g');                 % 绘凸轮基圆
    plot([ -32 32],[r0＋s(i) (r0＋s(i))],'r');         %绘推杆
    plot([0 0],[r0＋s(i) (r0＋40＋s(i))],'r');
    %---------绘推杆曲线--------
    plot([1:360]＋r0＋h,s＋r0);                        % 绘推杆曲线
    plot([(r0＋h) (r0＋h＋360)],[r0 r0],'k');          % 绘推杆水平轴
    plot([(r0＋h) (r0＋h)],[r0 r0＋h],'k');            % 绘推杆垂直轴
    plot(i＋r0＋h,s(i)＋r0,'r.');                      % 绘推杆曲线坐标动点
```

```
            title('对心直动平底推杆盘形凸轮设计');
            xlabel('x/mm')
            ylabel('y/mm')
            m(j)=getframe;
end
movie(m);
```

3. 运算结果

图 4-6 为对心直动平底推杆盘形凸轮机构的凸轮轮廓曲线。

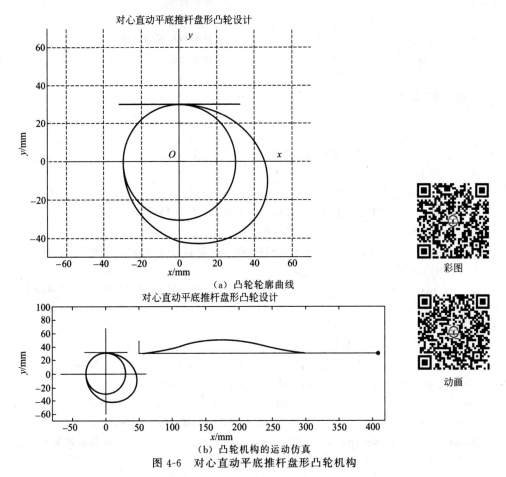

（a）凸轮轮廓曲线

（b）凸轮机构的运动仿真

图 4-6 对心直动平底推杆盘形凸轮机构

彩图

动画

三、摆动滚子推杆盘形凸轮轮廓曲线设计

1. 计算实例

【例 4-3】 设计一摆动滚子推杆盘形凸轮机构。已知中心距 $a=60\text{mm}$，摆杆长度 $l=50\text{mm}$，基圆半径 $r_0=25\text{mm}$，滚子半径 $r_r=8\text{mm}$。凸轮逆时针方向匀速转动，要求当凸轮转过 $180°$ 时，推杆以余弦加速度运动规律向上摆动 $25°$，转过一周中的其余角度时，推杆以正弦加速度运动规律摆回原来的位置。

2. 程序设计

凸轮轮廓曲线设计程序 cam3 文件

```
* * * * * * * * * * * * * * * * * * * * * * * * * * * * * * * * * * * * * * * * * * * * *
%1. 已知参数
clear;
r0＝25;                                      % 基圆半径
rr＝8;                                       % 滚子半径
phi _ H＝25;                                 % 滚子摆动最角
a＝60;                                       % OA 的长度
l＝50;                                       % AB 的长度
Delta1＝180;                                 % 推程角度
Delta2＝180;                                 % 回程角度
hd＝pi/180;du＝180/pi;                        % 弧度与角度的转换
phi0＝acos((a* a + l* l - r0* r0)/(2* a* l));   % 初始化角度


%2.  凸轮曲线设计
n＝360;
for n1＝1:n
    %·················· 计算推杆运动规律 ··················
    if  n1＜＝Delta1    % 推程阶段
        q(n1)＝phi _ H* (1 - cos(pi* n1/Delta1))/2; q＝q(n1);
        dq(n1)＝(phi _ H* pi/(2* Delta1* hd))* sin(pi* n1/Delta1);dq＝dq(n1);
    elseif  n1＞＝Delta1 & n1＜n      % 回程阶段
        q(n1)＝phi _ H* (1 - ((n1 - Delta1)/Delta2) + sin(2* pi* (n1 - Delta1)/Delta2)/(2* pi));
        q＝q(n1);
        dq(n1)＝phi _ H* ( - 1/(Delta2* hd) + (cos(2* pi* (n1 - Delta1)/Delta2))/(Delta2* hd));
dq＝dq(n1);
end
%·················· 计算凸轮轨迹曲线 ··················
    xx(n1)＝a* sin(n1* hd) - l* sin(n1* hd + phi0 + q* hd); x＝xx(n1);   % 理论轮廓曲线
    yy(n1)＝a* cos(n1* hd) - l* cos(n1* hd + phi0 + q* hd); y＝yy(n1)
    dx(n1)＝a* cos(n1* hd) - l* (1 + dq* hd)* cos(n1* hd + q* hd + phi0); dx＝dx(n1);
    dy(n1)＝ - a* sin(n1* hd) + l* (1 + dq* hd)* sin(n1* hd + q* hd + phi0); dy＝dy(n1);
    xp(n1)＝x - rr* dy/sqrt(dx^ 2 + dy^ 2) ; xxp＝xp(n1);                % 实际轮廓曲线
    yp(n1)＝y + rr* dx/sqrt(dx^ 2 + dy^ 2); yyp＝yp(n1);
end

%3. 输出凸轮轮廓曲线
figure(3);
hold on; grid on; axis equal;
axis([ - 60 80 - 60 80]);
text(r0 + 27 + 3,4,'X ');
text(3,r0 + 35 + 3,'Y');
text( - 6, - 4,'O');
title('摆动滚子推杆盘形凸轮设计');
plot([ - (r0 + 25) (r0 + 30)],[0 0],'k');
```

```
plot([0 0],[-(r0+60) (r0+50)],'k');
plot([0 -1*sin(phi0)],[a a-1*cos(phi0)],'k');
plot(0,a,'o');
plot(-1*sin(phi0),a-1*cos(phi0),'o');
plot(xx,yy,'m-');                                          % 理论轮廓曲线
ct=linspace(0,2*pi);
plot(r0*cos(ct),r0*sin(ct),'g');                           % 基圆
plot(-1*sin(phi0)+rr*cos(ct),a-1*cos(phi0)+rr*sin(ct),'k');  % 滚子圆
plot(xp,yp,'b-');                                          % 实际轮廓曲线
xlabel('x/mm')
ylabel('y/mm')
```

3. 运算结果

图 4-7 为摆动滚子推杆盘形凸轮机构的凸轮轮廓曲线。

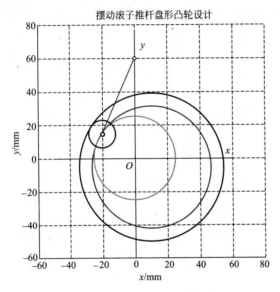

彩图

图 4-7　摆动滚子推杆盘形凸轮机构

习　　题

4-1　设计一对心直动尖顶推杆盘形凸轮机构。已知凸轮基圆半径 $r_0=30\mathrm{mm}$，推杆运动规律如下：推程运动角 $\delta_0=120°$，远休止角 $\delta_{01}=0°$，回程运动角 $\delta_0'=120°$，近休止角 $\delta_{02}=120°$，凸轮顺时针方向匀速回转，推杆升程 $h=20\mathrm{mm}$，推程与回程皆按余弦加速度运动规律运动。

4-2　试设计一对心直动滚子推杆盘形凸轮机构。滚子半径 $r_r=10\mathrm{mm}$，凸轮以匀角速度逆时针回转，凸轮转角 $\delta=0°\sim120°$ 时，推杆等速上升 20mm；$\delta=120°\sim180°$ 时，推杆远休止；$\delta=180°\sim270°$ 时，推杆等加速等减速下降 20mm；$\delta=270°\sim360°$ 时，推杆近休止。要求推程的最大压力角 $\alpha_{\max}\leqslant30°$，试选取合适的基圆半径，并绘制凸轮的廓线。

4-3　试设计一对心直动平底推杆盘形凸轮机构凸轮的轮廓曲线。设已知凸轮基圆半径 $r_0=30\mathrm{mm}$，推杆平底与导轨的中心线垂直，凸轮顺时针方向匀速转动。当凸轮转过 120° 时，推杆以余弦加速度运动上升 20mm；再转过 150° 时，推杆以余弦加速度运动回到原位；凸轮转过其余 90° 时，推杆静止不动。

4-4　设计一偏置直动尖顶推杆盘形凸轮机构。已知推杆偏于凸轮回转中心的右侧，偏距 $e=5$mm，基圆半径 $r_0=26$mm。凸轮逆时针匀速回转，推杆的运动规律为：推程运动角 $\delta_0=180°$，远休止角 $\delta_{01}=0°$，回程运动角 $\delta_0'=90°$，近休止角 $\delta_{02}=90°$，推杆推程和回程均作等速运动，升程 $h=60$mm。

4-5　试设计偏置直动滚子推杆盘形凸轮机构凸轮的理论廓线和工作廓线。已知凸轮轴置于推杆轴线右侧，偏距 $e=20$mm，基圆半径 $r_0=50$mm，滚子半径 $r_r=10$mm。凸轮以匀角速度沿顺时针方向回转，推程运动角 $\delta_0=120°$，远休止角 $\delta_{01}=30°$，回程运动角 $\delta_0'=60°$，近休止角 $\delta_{02}=150°$，推杆升程 $h=50$mm。推杆推程按正弦加速度运动规律上升，回程按余弦加速度运动规律回到原位置。

4-6　设计一摆动尖顶推杆盘形凸轮机构。已知凸轮轴与从动杆摆动轴的中心距 $L=80$mm，从动杆长度 $l=70$mm，凸轮基圆半径 $r_0=30$mm，以等速度逆时针方向转动。推杆的运动规律如下：

$\varphi=0°\sim180°$按等加速等减速运动规律向上摆动 $\psi=20°$；

$\varphi=180°\sim270°$按等速运动规律回到起始位置；

$\varphi=270°\sim360°$从动杆停止不动。

4-7　试设计一摆动滚子推杆盘形凸轮机构（参见图 4-3）。已知 $l_{OA}=60$mm，$r_0=25$mm，$l_{AB}=50$mm，$r_r=8$mm。凸轮顺时针方向匀速转动，要求凸轮转过 180°时，推杆以余弦加速度运动向上摆动 25°；转过一周中的其余角度时，推杆以正弦加速度运动摆回到原位置。

第五章 齿轮机构设计

第一节 渐开线函数的计算

一、由压力角计算渐开线函数

如图 5-1 所示，已知基圆半径 r_b，试计算压力角 α_K，并绘出渐开线曲线。

1. 数学模型的建立

如图 5-1 所示，当一直线 BK 沿着一圆周做纯滚动时，直线上任意一点 K 的轨迹 AK 称为该圆的渐开线。

由图中的几何关系，有 $r_K = \dfrac{r_b}{\cos\alpha_K}$，于是渐开线的极坐标方程式为

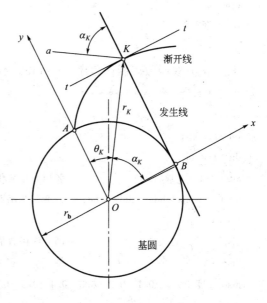

图 5-1 渐开线函数计算

$$\left.\begin{array}{l} r_K = \dfrac{r_b}{\cos\alpha_K} \\[2mm] \theta_K = \mathrm{inv}\alpha_K = \tan\alpha_K - \alpha_K \end{array}\right\} \qquad (5\text{-}1)$$

式中　r_b——基圆半径；

α_K——渐开线在 K 点的压力角；

θ_K——渐开线 AK 段的展角，$\mathrm{inv}\alpha_K$ 称为压力角 α_K 的渐开线函数；

r_K——渐开线上任一点 K 的向径。

为便于绘制渐开线曲线，需要将渐开线的极坐标值转换成直角坐标值，取极轴 OA 为直角坐标系中的纵坐标轴 y，如图 5-1 所示。得

$$\left.\begin{array}{l} x = r_K \sin\theta_K \\ y = r_K \cos\theta_K \end{array}\right\} \qquad (5\text{-}2)$$

2. 计算实例

【例 5-1】 已知基圆半径 $r_b = 50\mathrm{mm}$，（1）计算并绘出压力角 α_K 从 0°到 40°的渐开线曲

线；（2）制作一个渐开线函数表，用以表示渐开线的压力角 α_K 从 $10°$ 到 $30°$，间隔为 $0.1°$ 的渐开线函数值。

3. 程序设计

（1）渐开线曲线程序 involute1 文件

* *

```
clear
alpha=0:0.1 * pi/180:40 * pi/180;      %压力角变化范围
thetaK=tan(alpha) - alpha;             %渐开线函数值
R0=50;                                 %基圆半径
R=R0. /cos(alpha);                     %渐开线矢径
y=R. * (cos(thetaK));                  %渐开线横坐标值
x=R. * (sin(thetaK));                  %渐开线纵坐标值
plot(x,y);                             %绘渐开线
axis equal;
grid on;
title('渐开线曲线');
```

（2）渐开线函数表制作程序 involute2 文件

* *

```
clear;
hd=pi/180;
du=180/pi;
alpha=10:0.1:31;               %压力角变化范围
y=tan(alpha * hd) - alpha * hd;     %渐开线函数值
k=10;
disp'                渐开线函数值表'
disp' - - - - - - - - - - - - - - - - - - - - - - - - - - - - - - - - - - - - - - - '
disp'  度   0.0  0.1  0.2  0.3  0.4  0.5  0.6  0.7  0.8  0.9'
disp' - - - - - - - - - - - - - - - - - - - - - - - - - - - - - - - - - - - - - - - '
for i=1:10:201
    theta=[ky(i)y(i + 1)y(i + 2)y(i + 3)y(i + 4)y(i + 5)y(i + 6)y(i + 7)y(i + 8)y(i + 9)];
    disp(theta);
    k=k + 1;
end
disp' - - - - - - - - - - - - - - - - - - - - - - - - - - - - - - - - - - - - - - - '
```

4. 运算结果

图 5-2 为根据计算结果绘制的渐开线曲线。

表 5-1 为根据计算结果绘制的压力角 α_K 从 $10°$ 到 $30°$ 的渐开线函数。

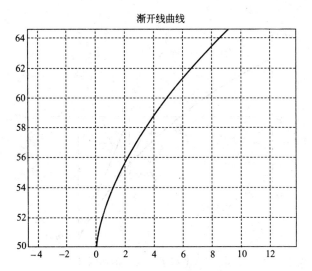

图 5-2　渐开线曲线

表 5-1　渐开线函数值

度	0.0	0.1	0.2	0.3	0.4	0.5	0.6	0.7	0.8	0.9
10.0000	0.0018	0.0018	0.0019	0.0020	0.0020	0.0021	0.0021	0.0022	0.0023	0.0023
11.0000	0.0024	0.0025	0.0025	0.0026	0.0027	0.0027	0.0028	0.0029	0.0030	0.0030
12.0000	0.0031	0.0032	0.0033	0.0034	0.0034	0.0035	0.0036	0.0037	0.0038	0.0039
13.0000	0.0040	0.0041	0.0042	0.0043	0.0044	0.0045	0.0046	0.0047	0.0048	0.0049
14.0000	0.0050	0.0051	0.0052	0.0053	0.0054	0.0055	0.0057	0.0058	0.0059	0.0060
15.0000	0.0061	0.0063	0.0064	0.0065	0.0067	0.0068	0.0069	0.0071	0.0072	0.0074
16.0000	0.0075	0.0076	0.0078	0.0079	0.0081	0.0082	0.0084	0.0085	0.0087	0.0089
17.0000	0.0090	0.0092	0.0094	0.0095	0.0097	0.0099	0.0100	0.0102	0.0104	0.0106
18.0000	0.0108	0.0109	0.0111	0.0113	0.0115	0.0117	0.0119	0.0121	0.0123	0.0125
19.0000	0.0127	0.0129	0.0131	0.0133	0.0136	0.0138	0.0140	0.0142	0.0144	0.0147
20.0000	0.0149	0.0151	0.0154	0.0156	0.0158	0.0161	0.0163	0.0166	0.0168	0.0171
21.0000	0.0173	0.0176	0.0179	0.0181	0.0184	0.0187	0.0189	0.0192	0.0195	0.0198
22.0000	0.0201	0.0203	0.0206	0.0209	0.0212	0.0215	0.0218	0.0221	0.0224	0.0227
23.0000	0.0230	0.0234	0.0237	0.0240	0.0243	0.0247	0.0250	0.0253	0.0257	0.0260
24.0000	0.0263	0.0267	0.0270	0.0274	0.0278	0.0281	0.0285	0.0289	0.0292	0.0296
25.0000	0.0300	0.0304	0.0307	0.0311	0.0315	0.0319	0.0323	0.0327	0.0331	0.0335
26.0000	0.0339	0.0344	0.0348	0.0352	0.0356	0.0361	0.0365	0.0369	0.0374	0.0378
27.0000	0.0383	0.0387	0.0392	0.0397	0.0401	0.0406	0.0411	0.0416	0.0420	0.0425
28.0000	0.0430	0.0435	0.0440	0.0445	0.0450	0.0455	0.0461	0.0466	0.0471	0.0476
29.0000	0.0482	0.0487	0.0492	0.0498	0.0503	0.0509	0.0515	0.0520	0.0526	0.0532
30.0000	0.0538	0.0543	0.0549	0.0555	0.0561	0.0567	0.0573	0.0579	0.0586	0.0592

二、由渐开线求压力角

已知渐开线函数 $\mathrm{inv}\alpha_K = \theta_K$，$\theta_K$ 为一已知数，试求出渐开线压力角 α_K。

1. 数学模型的建立

根据渐开线函数定义 $\mathrm{inv}\alpha_K = \tan\alpha_K - \alpha_K = \theta_K$，得 $\theta_K - \tan\alpha_K + \alpha_K = 0$，所以求压力角 α_K 实际上就是解此超越方程的根。由于该函数求导比较方便，故应用牛顿迭代法求解。令 $y = f(\alpha_K) = \theta_K - \tan\alpha_K + \alpha_K$，则

$$y' = f'(\alpha_K) = 1 - \frac{1}{\cos^2\alpha_K} \tag{5-3}$$

由式 (5-3) 和图 5-3 可知，y 为单调递减函数，当 $y=0$ 时，α_K 值即为所求的压力角。

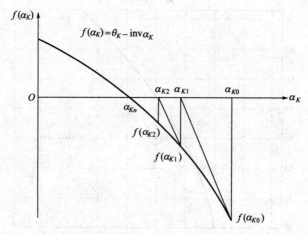

图 5-3   函数 $f(\alpha_K)$ 的曲线图

如图 5-3 所示，确定起始点 α_{K0} 值，由牛顿迭代方程得

$$
\left.
\begin{aligned}
\alpha_{K1} &= \alpha_{K0} - \frac{f(\alpha_{K0})}{f'(\alpha_{K0})} \\
\alpha_{K2} &= \alpha_{K1} - \frac{f(\alpha_{K1})}{f'(\alpha_{K1})} \\
&\cdots \\
\alpha_{Kn} &= \alpha_{K(n-1)} - \frac{f(\alpha_{K(n-1)})}{f'(\alpha_{K(n-1)})}
\end{aligned}
\right\}
\tag{5-4}
$$

对于预先规定的误差值 ε，当 $f(\alpha_{Kn}) < \varepsilon$ 时，则 α_{Kn} 为 $f(\alpha_K)=0$ 的近似根。

2. 计算实例

【例 5-2】 已知渐开线函数 $\mathrm{inv}\alpha_K = \theta_K$，$\theta_K$ 为任一已知数，且 $0.002 \leqslant \theta_K \leqslant 0.2$，$\alpha_K$ 初值取 0.8，收敛精度 $\varepsilon = 10^{-7}$，试求渐开线压力角 α_K。

3. 程序设计

（1）程序设计流程见图 5-4。

（2）求渐开线压力角程序 involute3 文件

```
**************************************************************
clear;
x=0.8;%α初始值
epsilon=1e-7;%收敛精度
%1. 求渐开线压力角
theta=input('请输入渐开线函数值 θ=');
f=theta - tan(x) + x;              %α取初始值时的函数值
df=1 - 1/(cos(x))^2;               %α取初始值时的函数导数值
while abs(f)>epsilon
    f=theta - tan(x) + x;
    df=1 - 1/(cos(x))^2;
    x1=x - f/df;
```

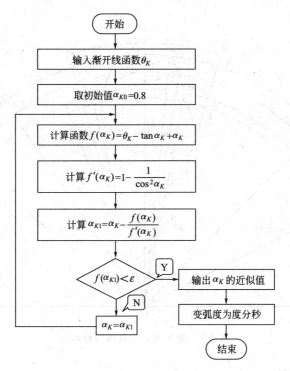

图 5-4 由渐开线求压力角程序设计流程

```
      x＝x1；
end
```

％ 2. 输出计算结果
```
fprintf('渐开线压力角 α＝％8.7f 弧度 \ n', x)；％输出 α 的值
p＝x * 180/pi；                %弧度转化成度
p1＝floor(p)；                 %取度值
p2＝floor((p - p1) * 60)；      %取分值
p3＝floor(((p - p1) * 60 - p2) * 60)；%取秒值
fprintf('转换成度分秒后的值 α＝％3.0f 度', p1)；
fprintf('％3.0f 分', p2)；
fprintf('％3.0f 秒', p3)；
```

4. 运算结果
请输入渐开线函数值　$\theta=0.02$
渐开线压力角　$\alpha=0.3836426$ 弧度
转换成度分秒后的值　$\alpha=21$ 度 58 分 51 秒

第二节 渐开线标准直齿圆柱齿轮的设计计算

如图 5-5 所示，已知渐开线标准直齿圆柱齿轮的齿数 z、模数 m、压力角 α、齿顶高系数 h_a^*、顶隙系数 c^*，试计算渐开线齿轮各参数值并绘制出渐开线齿轮。

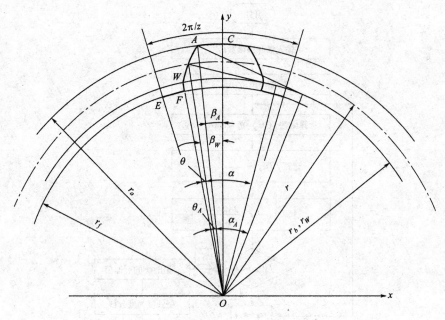

图 5-5　渐开线标准直齿圆柱齿轮

一、数学模型的建立

取直角坐标系如图 5-5 所示，由渐开线的性质得
基圆半径

$$r_b = \frac{1}{2}mz\cos\alpha \tag{5-5}$$

齿顶圆半径

$$r_a = \left(\frac{z}{2}+1\right)m \tag{5-6}$$

齿根圆半径

$$r_f = \left(\frac{z}{2}-1.25\right)m \tag{5-7}$$

渐开线终止点的向径，由齿条型刀具的切削过程来确定，其值为 $r_W = \left(\frac{z}{2}-1\right)m$。
齿顶渐开线压力角

$$\alpha_A = \arccos\frac{r_b}{r_a} \tag{5-8}$$

$$\beta_A = \left(\frac{\pi}{2z}\right)-(\theta_A-\theta) = \left(\frac{\pi}{2z}\right)-(\mathrm{inv}\alpha_A-\mathrm{inv}\alpha) \tag{5-9}$$

渐开线工作齿廓上终止点的压力角

$$\alpha_W = \arccos\frac{r_b}{r_W} \tag{5-10}$$

$$\beta_W = \left(\frac{\pi}{2z}\right)-(\theta_W-\theta) = \left(\frac{\pi}{2z}\right)-(\mathrm{inv}\alpha_W-\mathrm{inv}\alpha) \tag{5-11}$$

渐开线工作齿廓上任意一点的压力角

$$\alpha_i = \arccos \frac{r_b}{r_i} \tag{5-12}$$

$$\beta_i = \left(\frac{\pi}{2z}\right) - (\theta_i - \theta) = \left(\frac{\pi}{2z}\right) - (\mathrm{inv}\alpha_i - \mathrm{inv}\alpha) \tag{5-13}$$

渐开线工作齿廓上任意一点的直角坐标为

$$\left. \begin{array}{l} x_i = -r_i \sin\beta_i \\ y_i = r_i \cos\beta_i \end{array} \right\} \tag{5-14}$$

工作齿廓线底部到齿根的齿廓曲线 WF，由于线段较短，可以用径向线近似代替。径向线的起点为工作齿廓线的终点 W，径向线的终点 F 的坐标为

$$\left. \begin{array}{l} x_f = -r_f \sin\beta_W \\ y_f = r_f \cos\beta_W \end{array} \right\} \tag{5-15}$$

齿根曲线是齿根圆中的一段圆弧，其圆弧上点 E 的坐标为

$$\left. \begin{array}{l} x_e = -r_f \sin\dfrac{\pi}{z} \\ y_e = r_f \cos\dfrac{\pi}{z} \end{array} \right\} \tag{5-16}$$

齿顶曲线则是齿顶圆中的一段圆弧，其圆弧上点 C 的坐标为

$$\left. \begin{array}{l} x_c = 0 \\ y_c = r_a \end{array} \right\} \tag{5-17}$$

二、计算实例

【例 5-3】 已知渐开线标准直齿圆柱齿轮的齿数 $z=35$，模数 $m=5\mathrm{mm}$，试计算渐开线齿轮各参数值并绘制渐开线齿轮。

三、程序设计

1. 程序设计流程（见图 5-6）

2. 程序 gear_inv 文件

＊＊

```
clear;
%1. 输入已知参数和计算基本尺寸
z=35;
m=5;
hd=pi/180;N=10;
rb=z * m * cos(20 * hd)/2;
ra=(z/2 + 1) * m;
rf=(z/2 - 1.25) * m;
rw=(z/2 - 1) * m;
theta20=tan(20 * hd) - 20 * hd;
alpha_A=acos(rb/ra);
theta_A=tan(alpha_A) - alpha_A;
beta_A=pi/(2 * z) - (theta_A - theta20);
```

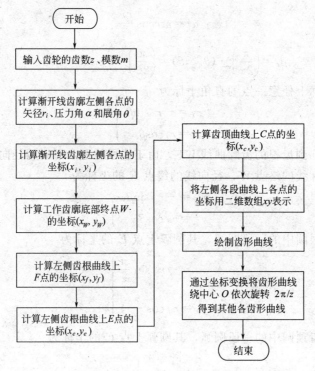

图 5-6   渐开线标准直齿圆柱齿轮绘制程序设计流程

```
alpha _ W＝acos(rb/rw);
theta _ W＝tan(alpha _ W)‐alpha _ W;;
beta _ W＝pi/(2 * z)‐(theta _ W‐theta20);
```

%2. 计算渐开线齿廓左侧各点的坐标

```
r＝rw:(ra‐rw)/N:ra;                   %计算渐开线齿廓左侧各点的矢径
for i＝1:(N＋1)
alpha(i)＝acos(rb/r(i));              %计算渐开线齿廓左侧各点的压力角
theta(i)＝tan(alpha(i))‐alpha(i);    %计算渐开线齿廓左侧各点的展角
beta(i)＝pi/(2 * z)‐(theta(i)‐theta20);
x1(i)＝‐r(i) * sin(beta(i));          %计算渐开线齿廓左侧各点的坐标
y1(i)＝r(i) * cos(beta(i));
end
```

%3. 计算齿廓左侧其他各点的坐标

```
xf＝‐rf * sin(beta _ W);             %计算左侧齿根曲线上 F 点的坐标
yf＝rf * cos(beta _ W);
xe＝‐rf * sin(pi/z);                  %计算左侧齿根曲线上 E 点的坐标
ye＝rf * cos(pi/z);
xc＝0;                                %计算齿顶曲线上 C 点的坐标
yc＝ra;
x1＝[xe,xf,x1,xc];                    %合并左侧各段曲线的坐标
y1＝[ye,yf,y1,yc];
```

%4. 计算齿廓右侧各点的坐标

```
x2＝－x1;                       %镜像得到右侧各段曲线的坐标
y2＝y1;
y2＝rot90(y2);                 %将右侧各段曲线的坐标的次序倒置
y2＝rot90(y2);
x2＝rot90(x2);
x2＝rot90(x2);
x＝[x1,x2];                    %合并左右两侧曲线的坐标
y＝[y1,y2];
plot(x,y);hold on;            %绘齿廓
```

%5. 通过坐标变换将齿形曲线绕中心依次旋转得到其他各齿形

```
for i＝1:(z－1)
      delta(i)＝i*2*pi/z;        %齿轮转角
   xy＝[x',y'];                  %齿轮曲线坐标
   A1＝[cos(delta(i)),sin(delta(i));  %齿轮曲线坐标旋转矩阵
      －sin(delta(i)),cos(delta(i))];
   xy＝xy*A1;                    %旋转后齿轮曲线坐标
   plot(xy(:,1),xy(:,2));hold on;    %绘齿轮
   hold on;axis equal;
end
axis   equal;
grid   on;
title('渐开线标准直齿圆柱齿轮   m＝5,z＝35');
```

四、运算结果

渐开线标准直齿圆柱齿轮绘制如图 5-7 所示。

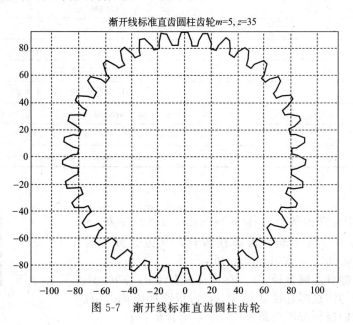

图 5-7　渐开线标准直齿圆柱齿轮

第三节 直齿圆柱齿轮机构传动设计计算

一、数学模型的建立

渐开线标准直齿圆柱齿轮传动几何尺寸的计算公式如表 5-2 所示。

表 5-2　渐开线标准直齿圆柱齿轮传动几何尺寸的计算公式

名　称	代　号	计　算　公　式	
		小齿轮	大齿轮
模数	m	（根据齿轮受力情况和结构需要确定，选取标准值）	
压力角	α	选取标准值	
分度圆直径	d	$d_1 = mz_1$	$d_2 = mz_2$
齿顶高	h_a	$h_{a1} = h_{a2} = h_a^* m$	
齿根高	h_f	$h_{f1} = h_{f2} = (h_a^* + c^*)m$	
齿全高	h	$h_1 = h_2 = (2h_a^* + c^*)m$	
齿顶圆直径	d_a	$d_{a1} = (z_1 + 2h_a^*)m$	$d_{a2} = (z_2 + 2h_a^*)m$
齿根圆直径	d_f	$d_{f1} = (z_1 - 2h_a^* - 2c^*)m$	$d_{f2} = (z_2 - 2h_a^* - 2c^*)m$
基圆直径	d_b	$d_{b1} = d_1 \cos\alpha$	$d_{b2} = d_2 \cos\alpha$
齿距	p	$p = \pi m$	
基圆齿距	p_b	$p_b = p\cos\alpha$	
齿厚	s	$s = \pi m / 2$	
齿槽宽	e	$e = \pi m / 2$	
顶隙	c	$c = c^* m$	
标准中心距	a	$a = m(z_1 + z_2)/2$	
实际中心距	a'	（根据安装要求确定）	
节圆直径	d'	（当中心距为标准中心距 a 时）$d' = d$	
啮合角	α'	$\alpha' = \arccos\left(\dfrac{a}{a}\cos\alpha\right)$	
传动比	i	$i_{12} = \omega_1/\omega_2 = z_2/z_1 = d_2'/d_1' = d_2/d_1 = d_{b2}/d_{b1}$	
重合度	ε_α	$\varepsilon_\alpha = \dfrac{1}{2\pi}[z_1(\tan\alpha_{a1} - \tan\alpha') + z_2(\tan\alpha_{a2} - \tan\alpha')]$	

二、计算实例

【例 5-4】　用标准齿条型刀具（$m = 5\text{mm}$，$\alpha = 20°$，$h_a^* = 1$，$c^* = 0.25$）切制一对渐开线标准直齿圆柱齿轮，其齿数分别为 $z_1 = 20$，$z_2 = 80$，安装中心距 $a' = 255\text{mm}$，试求：

（1）两齿轮的分度圆直径 d_1、d_2，基圆直径 d_{b1}、d_{b2}；

（2）两齿轮的齿顶圆直径 d_{a1}、d_{a2}，齿根圆直径 d_{f1}、d_{f2}；

（3）两齿轮的齿顶圆压力角 α_{a1}、α_{a2}，啮合角 α'；

（4）重合度 ε_α。

动画

三、程序设计

程序 gear_D 文件

* *

```
%1. 输入已知参数
clear
hd=pi/180;
du=180/pi;
alpha=20 * hd;
m=5;                        %模数
Z1=20;                      %小齿轮齿数
Z2=80;                      %大齿轮齿数
ha=1;                       %齿顶高系数
c=0.25;                     %顶隙系数
aT=255;                     %实际中心距

%2. 直齿圆柱齿轮几何尺寸计算
d1=m * Z1;                  %小齿轮分度圆直径
d2=m * Z2;                  %大齿轮分度圆直径
a=m * (Z1 + Z2)/2;          %标准中心距
db1=d1 * cos(alpha);        %小齿轮基圆直径
db2=d2 * cos(alpha);        %大齿轮基圆直径
da2=d2 + 2 * ha * m;        %小齿轮齿顶圆直径
da1=d1 + 2 * ha * m;        %大齿轮齿顶圆直径
df1=d1 - 2 * (c + ha) * m;  %小齿轮齿根圆直径
df2=d2 - 2 * (c + ha) * m;  %大齿轮齿根圆直径
alpha1=acos(d1 * cos(alpha)/da1);  %小齿轮齿顶圆压力角
alpha2=acos(d2 * cos(alpha)/da2);  %大齿轮齿顶圆压力角
alphaT=acos(a * cos(alpha)/aT);    %啮合角
epsilon=(Z1 * (tan(alpha1) - tan(alphaT)) + Z2 * (tan(alpha2) - tan(alphaT)))/(02 * pi);%重合度

%3. 输出计算结果
disp'                         直齿圆柱齿轮几何尺寸';
disp'--------------------------------------------------------------------- ';
fprintf(' 标准中心距             a = %3.3fmm \ n',a);
fprintf(' 实际中心距            aT = %3.3fmm \ n',aT);
fprintf('  小齿轮分度圆直径      d1 = %3.3fmm \ n',d1);
fprintf('  大齿轮分度圆直径      d2 = %3.3fmm \ n',d2);
fprintf('  小齿轮基圆直径       db1 = %3.3fmm \ n',db1);
fprintf('  大齿轮基圆直径       db2 = %3.3fmm \ n',db2);
fprintf('  小齿轮齿顶圆直径     da1 = %3.3fmm \ n',da1);
fprintf('  大齿轮齿顶圆直径     da2 = %3.3fmm \ n',da2);
fprintf('  小齿轮齿根圆直径     df1 = %3.3fmm \ n',df1);
fprintf('  大齿轮齿根圆直径     df2 = %3.3fmm \ n',df2);
```

```
fprintf('  小齿轮齿顶圆压力角    αa1 =%3.3fmm \ n',alpha1 * du);
fprintf('  大齿轮齿顶圆压力角    αa2 =%3.3fmm \ n',alpha2 * du);
fprintf('  啮合角              α =%3.3fmm \ n',alphaT * du);
fprintf('  重合度              ε =%3.3f \ n',epsilon);
```

四、运算结果

直齿圆柱齿轮几何尺寸

标准中心距	a＝250.000mm
实际中心距	aT＝255.000mm
小齿轮分度圆直径	d1＝100.000mm
大齿轮分度圆直径	d2＝400.000mm
小齿轮基圆直径	db1＝93.969mm
大齿轮基圆直径	db2＝375.877mm
小齿轮齿顶圆直径	da1＝110.000mm
大齿轮齿顶圆直径	da2＝410.000mm
小齿轮齿根圆直径	df1＝87.500mm
大齿轮齿根圆直径	df2＝387.500mm
小齿轮齿顶圆压力角	αa1＝31.321mm
大齿轮齿顶圆压力角	αa2＝23.541mm
啮合角	α＝22.888mm
重合度	ε＝0.765

第四节　渐开线齿轮的范成

渐开线齿轮的范成是利用一对齿轮在互相啮合时，其共轭齿廓互为包络线的原理来加工齿轮的一种方法。

一、数学模型的建立

这里以齿条插刀切制齿轮为例。在加工过程中，刀具与齿轮毛坯之间的相对运动相当于齿条与齿轮的啮合运动，它们之间的相对运动关系，可以看成是这样两种独立运动的叠加，如图 5-8 所示。

假定齿轮静止不动，而齿条刀具首先平移一个距离 S 且 $S＝R \cdot \varphi$，然后再绕齿轮毛坯中心沿着与平移方向相反的方向绕过一个 φ 角。按照齿条刀具的这种复合运动，齿条上任意一点 $A(x,y)$ 与向左平移后的 $A_1(x_1,y_1)$ 有如下关系：

$$\left.\begin{array}{l} x_1＝x－R\varphi \\ y_1＝y \end{array}\right\} \tag{5-18}$$

齿条刀具绕齿轮毛坯中心逆时针转过 φ 角后，$A_1(x_1,y_1)$ 移至 $A_2(x_2,y_2)$ 点。

$$\left.\begin{array}{l} x_2＝R_1\sin\varphi_1＋x_0 \\ y_2＝R_1\cos\varphi_1＋y_0 \end{array}\right\} \tag{5-19}$$

式中

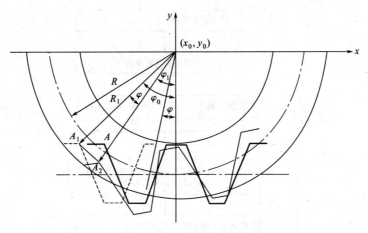

图 5-8 渐开线齿轮的范成

$$R_1 = \sqrt{(x_1 - x_0)^2 + (y_1 - y_0)^2} \tag{5-20}$$

$$\left. \begin{array}{l} \varphi_1 = \varphi_0 - \varphi \\[2mm] \varphi_0 = \arctan \dfrac{x_1 - x_0}{y_1 - y_0} \end{array} \right\} \tag{5-21}$$

由式（5-18）～式（5-21）可知，对应于不同的 φ 值，可求出齿条刀具上若干特征点在不同位置时的一系列的坐标值，由此可确定出齿轮毛坯的渐开线齿廓。

二、程序设计

1. 程序设计流程（见图 5-9）

2. 程序 gear_cut 文件

```
********************************************************
%1. 输入已知参数
clear
hd＝pi/180;
%1. 输入已知参数
clear;
m＝10;                    %齿轮模数
z＝9;                     %齿轮齿数
phi0＝20;                 %齿轮压力角
x＝0;                     %齿轮变位系数
x0＝0;y0＝0;              %齿轮中心坐标
r＝m * z/2;               %分度圆半径
hd＝pi/180;               %弧度
du＝180/pi;               %度数
p＝pi * m;                %齿距
s＝2.5 * m * tan(phi0 * hd);   %齿条齿形尺寸
h＝(2 * s + p)/4;         %齿条齿形尺寸
c＝x0 - 2 * p - h;        %齿条刀具最左端齿形左下角点横坐标值
```

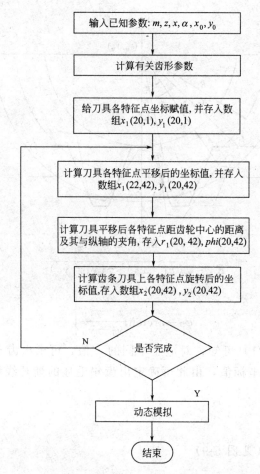

图 5-9　渐开线齿轮的范成动态模拟程序设计流程

%2. 计算齿条刀具上 20 个特征点在初始位置的坐标值, 并存入数组 x1, y1

x1(1,1)＝c;　　　　　　　　y1(1,1)＝－(r＋(1.25＋x)＊m)＋y0;

x1(2,1)＝x1(1,1)＋s;　　　　y1(2,1)＝y1(1,1)＋2.5＊m;

x1(3,1)＝x1(2,1)＋(p/2－s);　y1(3,1)＝y1(2,1);

x1(4,1)＝x1(3,1)＋s;　　　　y1(4,1)＝y1(3,1)－2.5＊m;

for i＝5:20

　　x1(i,1)＝x1(i－4,1)＋p;

　　y1(i,1)＝y1(i－4,1);

end

%3. 计算齿条刀具向左侧平移和旋转后的坐标值, 并存入数组 x2, y2

j＝0;　　　　　　　　　　　　　　　%j 表示刀具位置

for d＿phi＝0:(6＊hd):4.398226/2;

　　j＝j＋1;

　　for i＝1:20;　　　　　　　　　%i 表示点的坐标

　　　　x1(i,j)＝x1(i,1)－r＊d＿phi;　　%刀具各特征点平移后的坐标值

　　　　y1(i,j)＝y1(i,1);

```
        s2＝y1(i,j)－y0;
        s1＝x1(i,j)－x0;
        r1(i,j)＝sqrt((s1)＾2＋(s2)＾2);        %刀具各特征点平移后与齿轮中心连线长
        phi(i,j)＝atan(s1/s2);                %刀具各特征点平移后与齿轮中心连线与纵坐标
                                               夹角
        x2(i,j)＝r1(i,j)＊sin(phi(i,j)－d_phi)＋x0;  %刀具各特征点旋转后的坐标值
        y2(i,j)＝r1(i,j)＊cos(phi(i,j)－d_phi)＋y0;
    end
end


%4.计算齿条刀具向右侧平移和旋转后的坐标值,继续存入数组 x2,y2
ford_phi＝0:－(6＊hd):－4.398226/2;
    j＝j＋1;
    for i＝1:20;
        x1(i,j)＝x1(i,1)－r＊d_phi;            %刀具各特征点平移后的坐标值
        y1(i,j)＝y1(i,1);
        s2＝y1(i,j)－y0;
        s1＝x1(i,j)－x0;
        r1(i,j)＝sqrt((s1)＾2＋(s2)＾2);        %刀具各特征点平移后与齿轮中心连线长
        phi(i,j)＝atan(s1/s2);                %刀具各特征点平移后与齿轮中心连线与纵坐标
                                               夹角
        x2(i,j)＝r1(i,j)＊sin(phi(i,j)－d_phi)＋x0;  %刀具各特征点旋转后的坐标值
        y2(i,j)＝r1(i,j)＊cos(phi(i,j)－d_phi)＋y0;
    end
end


%5.渐开线齿轮范成的动态模拟
figure(1);
j0＝j;
for j＝1:j0
    plot(x2(:,j),－y2(:,j));              %刀具
    axis equal;
    hold on;grid on;
end
rb＝r＊cos(20＊hd);                        %基圆
ra＝r＋(1＋x)＊m;                          %齿顶圆
rf＝r－(1.25－x)＊m;                       %齿根圆
ct＝linspace(0,2＊pi);
plot(rb＊cos(ct),rb＊sin(ct),'c-');        %画基圆
plot(r＊cos(ct),r＊sin(ct),'g');           %画分度圆
plot(ra＊cos(ct),ra＊sin(ct),'r');         %画齿顶圆
plot(rf＊cos(ct),rf＊sin(ct),'b');         %画齿根圆
title('渐开线齿轮范成的动态模拟');
xlabel('m＝10,z＝9,\alpha＝20,x0＝0');
```

三、运算结果

图 5-10 为渐开线齿轮的范成动态模拟结果。

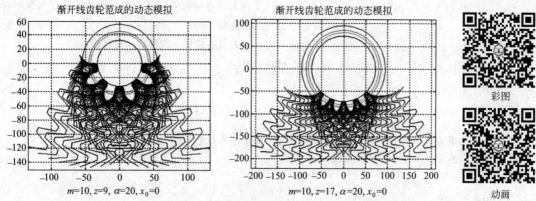

图 5-10 渐开线齿轮的范成动态模拟

习 题

5-1 已知一正常齿的标准齿轮，其 $z=18$，$m=10\text{mm}$，$\alpha=20°$，求齿顶圆及基圆上的齿厚及齿槽宽，以及齿顶变尖时的齿顶圆半径。

5-2 试设计一对外啮合的标准直齿圆柱齿轮传动。要求传动比 $i_{12}=\dfrac{8}{5}$，安装中心距 $a'=78\text{mm}$，若根据强度的要求，取模数 $m=3\text{mm}$，采取标准齿形，齿顶高系数 $h_a^*=1$，试确定这对齿轮的齿数 z_1、z_2，并计算这对齿轮的各部分尺寸：d、d_b、h_a、h_f、h、d_a、d_f、p、s、e。

5-3 已知一对外啮合直齿圆柱齿轮的参数为：$z_1=10$，$z_2=12$，$h_a^*=1$，$c^*=0.25$，$\alpha=20°$，$m=10\text{mm}$，$x_1=0.45$，$x_2=0.31$，试求这对齿轮作无齿侧间隙啮合时的中心距 a'。

5-4 设一对外啮合传动齿轮的齿数 $z_1=30$，$z_2=40$，模数 $m=20\text{mm}$，压力角 $\alpha=20°$，齿顶高系数 $h_a^*=1$，当中心距 $a'=725\text{mm}$ 时，求啮合角 α'；如 $\alpha'=20°30'$ 时，求中心距 a''。

5-5 一对齿轮 $m=4\text{mm}$，$z_1=25$，$z_2=50$，基圆直径分别为 $d_{b1}=93.96\text{mm}$，$d_{b2}=187.92\text{mm}$，如果齿轮安装中心距 $a'=150\text{mm}$，啮合角 α' 为多大？节圆直径 d_1' 和 d_2' 为多大？若 $a'=154\text{mm}$，则 α'、d_1'、d_2' 又分别为多大？

5-6 设有一对外啮合齿轮，已知 $z_1=21$，$z_2=22$，$m_n=2\text{mm}$，中心距 $a'=55\text{mm}$，不用变位而拟用斜齿轮来配凑中心距，问这对斜齿轮的螺旋角应为多少？

5-7 设已知一对标准斜齿圆柱齿轮传动，$z_1=20$，$z_2=40$，$m_n=8\text{mm}$，$\alpha_n=20°$，$\beta=15°$，$b=30\text{mm}$，$h_{an}^*=1$，试求：分度圆直径 d_1 和 d_2，齿顶圆直径 d_{a1} 和 d_{a2}，齿根圆直径 d_{f1} 和 d_{f2}，端面压力角 α_t，中心距 a，重叠系数 ε_γ 及螺旋角 β_b 之值。

5-8 已知与一单头蜗杆啮合传动的蜗轮参数为 $z_2=40$，分度圆直径 $d_2=280\text{mm}$，端面分度圆压力角 $\alpha=20°$，齿顶高系数 $h_a^*=1$，求：（1）蜗轮的端面模数 m_{t2} 及蜗杆的轴面模数 m_{x1}；（2）蜗杆的轴面周节 p_{x1} 及蜗杆的螺旋线导程 l；（3）蜗杆的分度圆直径 d_1；（4）传动的中心距 a 及传动比 i_{12}。

5-9 已知一对标准直齿圆锥齿轮传动，齿数 $z_1=20$，$z_2=40$，分度圆压力角 $\alpha=20°$，大端模数 $m=5\text{mm}$，齿顶高系数 $h_a^*=1$，轴交角 $\Sigma=90°$，求两齿轮的分度圆锥角、分度圆直径、锥距、齿顶角、顶锥角、齿顶圆直径和当量齿数。

第六章　机械的运转及其速度波动的调节

第一节　机械的运转及其速度波动的调节概述

一、研究机械系统动力学的目的

在第一章和第二章研究机构的运动分析及力分析时，都假定其原动件的运动规律是已知的，而且一般假设原动件作等速运动。然而实际上机构原动件的运动规律是由其各构件的质量、转动惯量和作用于其上的驱动力与阻抗力等因素而决定的，因而在一般情况下，原动件的速度和加速度是随时间而变化的。因此，研究机械系统在各种外力作用下的真实运动规律是机械系统动力学的基本问题。

作用在机械系统上的驱动力和阻抗力通常是随着机构的位置、速度或时间而变化。这些变化将引起机械系统速度的波动，而这种速度波动，会导致在运动副中产生附加的动压力，并引起机械的振动，从而降低机械的寿命、效率和工作质量，这就需要对机械运转速度的波动及其调节的方法加以研究。

二、机械运转过程的三个阶段

一般机械运转过程都要经历启动、稳定运转和停车三个阶段，如图 6-1 所示。

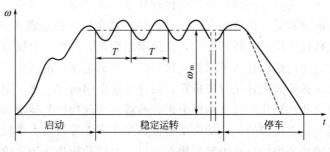

图 6-1　机械运转过程的三个阶段

1. 启动阶段

在启动阶段，原动件的角速度由零逐渐上升到稳定运转的平均角速度。在这一阶段有 $W_d = W_r + E$ 关系，即驱动功大于阻抗功，机械系统的动能增加。

2. 稳定运转阶段

稳定运转又分等速稳定运转和变速稳定运转。等速稳定运转每一瞬时都有 $W_d = W_r$，ω＝常数。变速稳定运转，原动件的平均角速度是稳定的，但在一个周期内的各个瞬时，原动件的角速度不是常数，会出现周期性波动，而在一个周期的始末，原动件的角速度是相等的。在变速稳定运转阶段的每个瞬时，$W_d \neq W_r$，而整个周期驱动功与阻抗功是相等的。

3. 停车阶段

在停车阶段，原动件的角速度从正常工作速度逐渐下降到零。在这一阶段，由于驱动力通常已经撤去，当阻抗功逐渐将机械具有的动能消耗完了时，机械便停止运转，因而有 $E = W_r$ 关系。

三、作用在机械中的外力

在机械运转过程中，作用在机械中的外力分为驱动力和工作阻力两类。

1. 驱动力（驱动力矩）

作用在原动件上的驱动力（驱动力矩）来自于原动机所发出的力（或力矩）。原动机所发出的驱动力（或力矩）与运动参数（位移、速度、时间等）之间的函数关系，称为原动机的机械特性。不同原动机的机械特性各不相同。

2. 工作阻力（工作阻力矩）

工作阻力的变化规律，主要取决于工作过程的特点，常见的变化规律有：工作阻力为常数，工作阻力是执行构件位置的函数，工作阻力是执行构件速度或时间的函数。

第二节　机械系统的等效动力学模型

机械系统真实运动规律取决于作用在机械系统上的外力、各构件的质量和转动惯量。求解时一般是先根据动能定理建立机械系统运动方程式，即 $dE = dW$。由于机械系统是由许多构件组成的复杂系统，其一般的运动方程式比较复杂，求解也十分繁琐。但对于单自由度的机械系统，只要能确定其某一构件的真实运动规律，其余构件的运动规律也就可随之确定。因此，我们在研究机械系统的运转情况时，为使问题简化，将整个机械系统的运动问题简化为它的某一构件的运动问题，且为了保持机械系统原有的运动情况不变，就要把其余所有构件的质量、转动惯量都等效地转化（即折算）到这个选定的构件上来，把各构件上所作用的外力、外力矩也都等效地转化到这个构件上来，然后列出此构件的运动方程，研究其运动规律。这一过程，就是建立所谓的等效动力学模型。用于建立等效动力学模型的构件称为等效构件，通常取绕定轴转动的构件作为等效构件（也可取移动构件作为等效构件）。

为使机械系统在转化前后的动力效应不变（即运动不变），建立机械系统等效动力学模型（见图 6-2）时应遵循以下原则：

（1）动能相等：即等效构件所具有的动能等于原机械系统的总动能；

（2）功率相等：即作用在等效构件上的等效力或等效力矩所产生的瞬时功率等于原机械系统所有外力（力矩）所产生的瞬时功率的代数和。

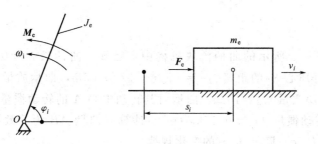

图 6-2　等效动力学模型

一、等效动力学模型的建立

1. 等效力 F_e 和等效力矩 M_e

如选取机械系统中的移动构件作为等效构件，则其上作用的是等效力 F_e；如选取机械系统中的绕定轴转动的构件作为等效构件，则其上作用的是等效力矩 M_e，如图 6-2 所示。根据功率相等原则，等效力 F_e 和等效力矩 M_e 分别为

$$F_e = \sum_{i=1}^{n} \left[F_i \cos\alpha_i \left(\frac{v_i}{v} \right) \pm M_i \left(\frac{\omega_i}{v} \right) \right] \tag{6-1}$$

$$M_e = \sum_{i=1}^{n} \left[F_i \cos\alpha_i \left(\frac{v_i}{\omega} \right) \pm M_i \left(\frac{\omega_i}{\omega} \right) \right] \tag{6-2}$$

由上述两式可知：

（1）等效力 F_e（等效力矩 M_e）不仅和作用在机械系统上的各外力及外力矩有关，而且还和各构件与等效构件之间的速度比有关。构件之间的速度比是机构位置的函数，因此，等效力 F_e（等效力矩 M_e）也是机构位置的函数。

（2）若整个机械系统是由定传动比的机构所组成（如轮系），且作用在机械系统上的所有外力和外力矩均为常数时，机械系统的等效力 F_e（等效力矩 M_e）也为常数。

（3）如果 F_i 和 M_i 随时间或速度等因素变化，那么，等效力 F_e（等效力矩 M_e）便是几个变量的函数。

2. 等效质量 m_e 和等效转动惯量 J_e

等效构件所具有的质量（转动惯量）称为等效质量 m_e（等效转动惯量 J_e）。根据动能相等原则，等效质量 m_e 和等效转动惯量 J_e 分别为

$$m_e = \sum_{i=1}^{n} \left[m_i \left(\frac{v_{si}}{v} \right)^2 + J_{si} \left(\frac{\omega_i}{v} \right)^2 \right] \tag{6-3}$$

$$J_e = \sum_{i=1}^{n} \left[m_i \left(\frac{v_{si}}{\omega} \right)^2 + J_{si} \left(\frac{\omega_i}{\omega} \right)^2 \right] \tag{6-4}$$

由上述两式可知：

（1）等效质量和等效转动惯量是依速度比的平方而定，且因已知各构件的质量和转动惯量为定值，因此，m_e 和 J_e 仅仅是机构位置的函数。

（2）若整个机械系统是由定传动比的机构所组成（如轮系），则等效质量（等效转动惯

量）为常数。

二、计算实例

【例 6-1】 在图 6-3 所示的曲柄滑块机构中，已知：曲柄长 $l_1 = 0.2\text{m}$，连杆长 $l_2 = 0.5\text{m}$，点 B 到连杆质心 S_2 的距离 $l_{BS_2} = 0.2\text{m}$，$e = 0.05\text{m}$，曲柄质量 $m_1 = 1.2\text{kg}$，连杆质量 $m_2 = 5\text{kg}$，滑块质量 $m_3 = 10\text{kg}$，曲柄对其转动中心 A 的转动惯量 $J_1 = 3\text{kg}\cdot\text{m}^2$，连杆对其质心 S_2 的转动惯量 $J_{S_2} = 0.15\text{kg}\cdot\text{m}^2$。计算以曲柄 AB 为等效构件时的等效转动惯量 J_e 及其导数 $\text{d}J_e/\text{d}\varphi_1$ 随转角 φ_1 的变化规律。

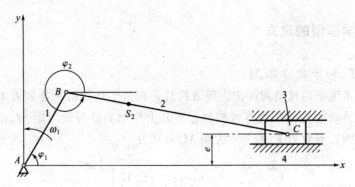

图 6-3   曲柄滑块机构

三、程序设计

在进行等效转动惯量计算时，需要用到曲柄滑块机构运动分析子函数 slider_crank 等效转动惯量计算程序 ch6_1 文件

```
* * * * * * * * * * * * * * * * * * * * * * * * * * * * * * * * * * * * * * * * * * * * * * * * *
clear;
%1. 已知曲柄滑块机构各参数
l1=0.200;l2=0.500;e=0.05;
m1=1.2;m2=5;m3=10;
J1=3;J2=0.15;
omega1=100;alpha1=0;
hd=pi/180;du=180/pi;


%2. 调用函数 slider_crank 计算曲柄滑块机构位移,角速度
for n1=1:360
    theta1(n1)=n1 * hd;
    [theta2(n1),s3(n1),omega2(n1),v3(n1),alpha2(n1),a3(n1)]=slider_crank(theta1(n1),omega1,
    alpha1,l1,l2,e);
end


%3. 计算曲柄滑块机构的等效转动惯量
v2x= - (l1 * sin(theta1)). * omega1 - (l2 * sin(theta2)). * omega2/2;
v2y=(l1 * cos(theta1)). * omega1 + (l2 * cos(theta2)). * omega2/2;
```

```
v2＝sqrt(v2x. * v2x + v2y. * v2y);
Je＝J1 + J2 * (omega2. /omega1). ^ 2 + m2 * (v2. /omega1). ^ 2 + m3 * (v3. /omega1). ^ 2
d _ Je＝diff(Je);d _ phi＝pi/180;
d _ Je _ phi＝d _ Je/d _ phi;

%4. 输出计算结果
figure(1)%绘制等效转动惯量 Je 曲线图
n1＝1:360;
plot(n1,Je);
grid on;
title('等效转动惯量 Je 的计算');
xlabel('曲柄转角 \ phi _ 1/ \ circ')
ylabel('Je/kg. m^ 2')
figure(2)%绘制等效转动惯量导数 Je 曲线图
n1＝1:359;
plot(n1,d _ Je _ phi);
title('等效转动惯量导数 dJe/d \ phi _ 1 的计算');
xlabel('曲柄转角 \ phi _ 1/ \ circ')
ylabel('dJe/d \ phi _ 1/kg. m^ 2/rad')
grid on;
```

四、运算结果

图 6-4 为以曲柄 AB 为等效构件时的等效转动惯量 J_e 及其导数 $\mathrm{d}J_e/\mathrm{d}\varphi_1$ 的变化规律。

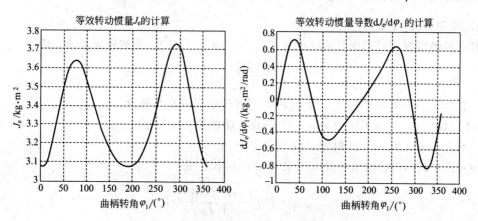

图 6-4　等效转动惯量 J_e 及其导数 $\mathrm{d}J_e/\mathrm{d}\varphi_1$

第三节　机械运动方程式

当建立等效动力学模型后，机械系统的运动方程式可写为如下三种形式：

（1）能量微分形式的机械运动方程式

$$\mathrm{d}(J_e\omega^2/2)=\boldsymbol{M}_e\omega\mathrm{d}t=\boldsymbol{M}_e\mathrm{d}\varphi \tag{6-5}$$

$$d(m_e v^2/2) = \boldsymbol{F}_e v \mathrm{d}t = \boldsymbol{F}_e \mathrm{d}s \tag{6-6}$$

（2）力和力矩形式的机械运动方程式

$$m_e \frac{\mathrm{d}v}{\mathrm{d}t} + \frac{v^2}{2}\frac{\mathrm{d}m_e}{\mathrm{d}s} = \boldsymbol{F}_e \tag{6-7}$$

$$J_e \frac{\mathrm{d}\omega}{\mathrm{d}t} + \frac{\omega^2}{2}\frac{\mathrm{d}J_e}{\mathrm{d}\varphi} = \boldsymbol{M}_e \tag{6-8}$$

（3）动能形式的机械运动方程式

$$\frac{1}{2}m_e v^2 - \frac{1}{2}m_{e0} v_0^2 = \int_{s_0}^{s} \boldsymbol{F}_e \mathrm{d}s \tag{6-9}$$

$$\frac{1}{2}J_e \omega^2 - \frac{1}{2}J_{e0} \omega_0^2 = \int_{\varphi_0}^{\varphi} \boldsymbol{M}_e \mathrm{d}\varphi \tag{6-10}$$

对于不同的机械系统，等效质量（等效转动惯量）是机构位置的函数（或常数），而等效力（等效力矩）可能是位置、速度或时间的函数。上述三种形式的机械运动方程式可根据具体情况来选用，以求出所需要的运动参数。

下面将讨论在等效力矩、等效转动惯量的各种变化规律情况下运动微分方程式的求解。讨论仍只限于等效构件作定轴转动的情况。

一、等效转动惯量和等效力矩均是位置的函数

当机械系统所受的驱动力和生产阻力均为位置的函数时，等效力矩仅与位置有关。例如，内燃机的驱动力矩 $\boldsymbol{M}_d$ 和压缩机所受到的阻抗力矩 $\boldsymbol{M}_r$ 都可视为位置的函数，若取曲柄为等效构件，则等效力矩 $\boldsymbol{M}_e$ 是位置的函数。同时，等效转动惯量 J_e 也是位置的函数。

1. 数学模型的建立

对于这种情况，采用能量形式的机械运动方程式（6-10）求解较为方便，即

$$\frac{1}{2}J_e(\varphi)\omega^2(\varphi) - \frac{1}{2}J_{e0}\omega_0^2 = \int_{\varphi_0}^{\varphi} \boldsymbol{M}_e(\varphi)\mathrm{d}\varphi \tag{6-11}$$

式中　J_{e0}, ω_0——对应于初始位置 φ_0 时的等效转动惯量和角速度；

$J_e(\varphi), \omega(\varphi)$——对应于转角为 φ 时的等效转动惯量和角速度；

$\boldsymbol{M}_e(\varphi)$——对应于转角为 φ 的等效力矩。

由式（6-11）可解出角速度 ω 和转角 φ 的函数关系

$$\omega(\varphi) = \sqrt{\frac{J_{e0}\omega_0^2 + 2W(\varphi)}{J_e(\varphi)}} \tag{6-12}$$

式中，$W(\varphi) = \int_{\varphi_0}^{\varphi} \boldsymbol{M}_e(\varphi)\mathrm{d}\varphi$ 为等效力矩由转角 φ_0 至 φ 的过程中所做的功。

若 $\boldsymbol{M}_e(\varphi)$ 是不易于积分的函数或是以线图或表格形式给出，则可利用数值积分等近似计算方法求解，如图 6-5 所示。

将积分区间分成若干个小区间，每个小区间的长度为 $\Delta\varphi$，用梯形法求积分时，可认为在每个区间内等效力矩 $\boldsymbol{M}_e$ 是直线变化的。

若以 W_i 表示 $\varphi = (i-1)\Delta\varphi$ 处的 $W(\varphi)$ 值，则可有如下递推公式

$$W_i = W_{i-1} + \frac{\Delta\varphi}{2}[(\boldsymbol{M}_e)_{i-1} + (\boldsymbol{M}_e)_i] \tag{6-13}$$

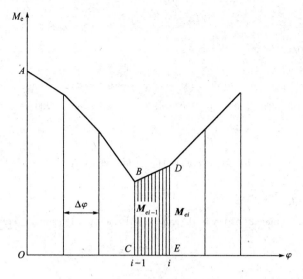

图 6-5 梯形法数值积分

求出 W_i 后代入式（6-12）即可求出角速度 ω。

如果要进一步求出用时间函数表示的运动规律，可由 $\omega \mathrm{d}t = \mathrm{d}\varphi$ 积分得

$$t = t_0 + \int_{\varphi_0}^{\varphi} \frac{\mathrm{d}\varphi}{\omega} \tag{6-14}$$

由于 ω 随 φ 变化的函数关系已求出，用式（6-14）可确定位置 φ 与时间 t 的关系。

等效构件的角加速度 α 则可以按下式计算

$$\alpha = \frac{\mathrm{d}\omega}{\mathrm{d}t} = \frac{\mathrm{d}\omega}{\mathrm{d}\varphi}\frac{\mathrm{d}\varphi}{\mathrm{d}t} = \frac{\mathrm{d}\omega}{\mathrm{d}\varphi}\omega \tag{6-15}$$

2. 计算实例

【例 6-2】 在例 6-1 的曲柄滑块机构中，已知等效力矩与曲柄转角 φ 的关系如表 6-1 所示。若初始状态为 $t=0$ 时，$\varphi_1=0°$，$\omega_0=62\mathrm{rad/s}$。计算曲柄角速度 ω_1 随 φ_1 变化的关系。

表 6-1 等效力矩和曲柄转角的关系

φ_1	0	10	20	30	40	50	60	70	80	90	100	110	120
M_e	720	540	360	180	0	−240	−480	−720	−840	−900	−840	−720	−480
φ_1	130	140	150	160	170	180	190	200	210	220	230	240	250
M_e	−240	0	180	360	480	540	420	240	0	−180	−360	−480	−600
φ_1	260	270	280	290	300	310	320	330	340	350	360		
M_e	−480	−360	−180	0	240	480	720	840	960	840	720		

注：力矩单位为牛·米，转角单位为度。

3. 程序设计

在计算时需要用到曲柄滑块机构运动分析子函数 silder_crank

机械运动方程求解程序 ch6_2 文件

* *

%1. 已知曲柄滑块机构各参数

```
clear;
l1=0.200;l2=0.500;e=0.05;
m1=1.2;m2=5;m3=10;
```

```
J1=3;J2=0.15;
omega1=100;alpha1=0;
hd=pi/180;du=180/pi;
phi1=0:10:360;
Me=[720  540  360  180  0  -240  -480  -720  -840  -900  -840  -720  -480,-240  0  180
       360  480  540  420  240  0  -180  -360  -480  -600,-480  -360  -180  0  240  480
       720  840  960  840  720];
```

%2. 调用函数 slider_crank 计算曲柄滑块机构位移,角速度
```
for n1=1:360
  theta1(n1)=n1*hd;
  [theta2(n1),s3(n1),omega2(n1),v3(n1),alpha2(n1),a3(n1)]=slider_crank(theta1(n1),omega1,
  alpha1,l1,l2,e);
end
```

%3. 计算曲柄滑块机构的等效转动惯量
```
v2x=-(l1*sin(theta1)).*omega1-(l2*sin(theta2)).*omega2/2;
v2y=(l1*cos(theta1)).*omega1+(l2*cos(theta2)).*omega2/2;
v2=sqrt(v2x.*v2x+v2y.*v2y);
Je=J1+J2*(omega2./omega1).^2+m2*(v2./omega1).^2+m3*(v3./omega1).^2
```

%4. 计算等效构件角速度
```
W(1)=0
for i=1:36
    W(i+1)=W(i)+10*pi/180/2*(Me(i)+Me(i+1));
end
omega(1)=62;
Jee(1)=Je(1)
Jee([2:37])=Je([10:10:360]);
omega=sqrt((Je(1)*omega(1)^2+2*W)./Jee);
```

%5. 输出计算结果
```
figure(1);
plot(phi1,Me);%绘制等效力矩 Me 曲线图
title('等效力矩 Me 的计算');
xlabel('曲柄转角\phi_1/\circ')
ylabel('Me/Nm')
grid on;
figure(2);
plot(phi1,omega);%绘制等效构件角速度变化曲线图
title('曲柄角速度\omega_1 的变化');
xlabel('曲柄转角\phi_1 /\circ')
ylabel('\omega_1/(rad/s)')
grid on;
```

4. 运算结果

图 6-6 反映了曲柄角速度 ω_1 随 φ_1 的变化规律和其等效力矩 M_e 随 φ_1 的变化规律。

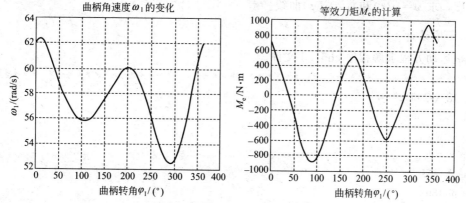

图 6-6 角速度 $\omega_1(\varphi_1)$ 的变化规律

二、等效转动惯量是常数，等效力矩是速度的函数

由电动机驱动的鼓风机、搅拌机等的机械系统就属这种情况。此时电动机给出的驱动力矩是速度的函数，而生产阻力矩是常数或者也是速度的函数。

1. 数学模型的建立

对于这类机械，应用力矩形式的机械运动方程式 (6-8) 来求解是比较方便的。由于

$$\boldsymbol{M}_e(\omega) = \boldsymbol{M}_{ed}(\omega) - \boldsymbol{M}_{er}(\omega) = J_e \frac{\mathrm{d}\omega}{\mathrm{d}t} \tag{6-16}$$

将式中的变量分离后，得

$$\mathrm{d}t = J_e \frac{\mathrm{d}\omega}{\boldsymbol{M}_e(\omega)}$$

积分得

$$t = t_0 + J_e \int_{\omega_0}^{\omega} \frac{\mathrm{d}\omega}{\boldsymbol{M}_e(\omega)} \tag{6-17}$$

式中，ω_0 为计算开始时的初始角速度。

由上式解出 $\omega = \omega(t)$ 以后，即可求得角加速度 $\alpha = \mathrm{d}\omega/\mathrm{d}t$。欲求 $\varphi = \varphi(t)$ 时，可利用以下关系式

$$\mathrm{d}\varphi = \omega \mathrm{d}t$$

积分得

$$\varphi = \varphi_0 + \int_{t_0}^{t} \omega(t)\mathrm{d}t = \varphi_0 + J_e \int_{\omega_0}^{\omega} \frac{\omega \mathrm{d}\omega}{\boldsymbol{M}_e(\omega)} \tag{6-18}$$

通常 $\boldsymbol{M}_e(\omega)$ 是 ω 一次或二次函数。当为一次函数时，即

$$\boldsymbol{M}_e(\omega) = a + b\omega$$

可积分得

$$t = t_0 + \frac{J_e}{b} \ln \frac{a+b\omega}{a+b\omega_0} \tag{6-19}$$

$$\varphi = \varphi_0 + \frac{J_e}{b} \left((\omega - \omega_0) - \frac{a}{b} \ln \frac{a+b\omega}{a+b\omega_0} \right) \tag{6-20}$$

当 $\boldsymbol{M}_e(\omega)$ 为 ω 二次函数时，可同样求得 t 和 φ。

2. 计算实例

【例 6-3】 某机械的原动机为直流并激电动机，其机械特性曲线可以近似地用直线表

示。当取电动机轴为等效构件时，等效驱动力矩为 $M_d = 26500 - 264\omega \text{ N·m}$，等效阻力矩 $M_r = 1100 \text{ N·m}$，等效转动惯量 $J_e = 10 \text{ kg·m}^2$。当 $t = 0$ 时，$\omega_0 = 0$，$\omega_{max} = 100 \text{ rad/s}$ 为终止角速度，求 $\omega = \omega(t)$ 和 $\omega = \omega(\varphi)$ 曲线。

3. 程序设计

机械运动方程求解程序 ch6_3 文件

* *

```
%1. 输入已知数据
clear;
t0=0;
varphi0=0;
omega0=0;
hd=pi/180;
du=180/pi;
Mr=1100;
J=10;
a=26500;
b=-264;
omega_max=100;

%2. 求时间和角位移
e(1)=a;
omega(1)=0;
varphi(1)=0;
t(1)=0;
for n=2:11;
    omega(n)=10*(n-1);
    Me(n)=a-b*omega(n);
    t(n)=t0+(J/b)*log((a+b*omega(n))/(a+b*omega0));
    varphi(n)=varphi0+(J/b)*((omega(n)-omega0)-a/b*log((a+b*omega(n))/(a+b*
    omega0)));
end

%3. 输出计算结果
figure(1)
plot(t,omega);
xlabel('时间 t/s');
ylabel('角速度 \omega/rad \cdots^{-1}');
grid on;
figure(2)
plot(varphi*du,omega);
xlabel('角位移 \phi/ \circ');
ylabel('角速度 \omega/rad \cdots^{-1}');
grid on;
```

4. 运算结果

图 6-7 反映了等效构件的角速度 ω 随时间和位移的变化规律。

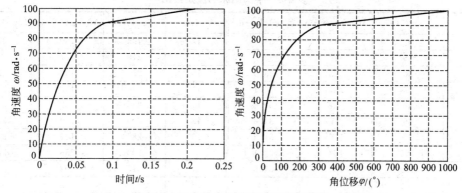

图 6-7　等效构件角速度 ω 的变化规律

三、等效转动惯量是位置的函数，等效力矩是位置和速度的函数

用电动机驱动的刨床、冲床等的机械系统属于这种情况，这是一种更具一般性的情况。这类机械中包含有速比不等于常数的机构，因而其等效转动惯量是变量。而驱动力矩是速度的函数，生产阻力是机械位置的函数，因此，等效力矩是机械的位置和速度的函数。

1. 数学模型的建立

这类情况一般采用微分形式的机械运动方程式进行求解，由于式 (6-5) 是一个非线性微分方程，一般采用数值解法。将式 (6-5) 改写为

$$\mathrm{d}J_e(\varphi)\omega^2/2 + J_e(\varphi)\omega\mathrm{d}\omega = \boldsymbol{M}_e(\varphi,\omega)\mathrm{d}\varphi \tag{6-21}$$

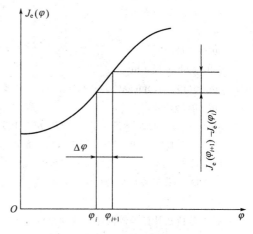

图 6-8　非线性微分方程数值解法

如图 6-8 所示，将转角 φ 等分为 n 个微小的转角，其中每一份为 $\Delta\varphi = \varphi_{i+1} - \varphi_i$ $(i = 0,1,2\cdots,n)$。而当 $\varphi = \varphi_i$ 时，等效转动惯量 $J_e(\varphi)$ 的微分 $\mathrm{d}J_{ei}$ 可以用增量 $\Delta J_{ei} = J_e(\varphi_{i+1}) - J_e(\varphi_i)$ 来近似地代替，并简写成为 $\Delta J_i = J_{i+1} - J_i$。同样，当 $\varphi = \varphi_i$ 时，角速度 $\omega(\varphi)$ 的微分 $\mathrm{d}\omega_i$ 可以用增量 $\Delta\omega_i = \omega(\varphi_{i+1}) - \omega(\varphi_i)$ 来近似地代替，并简写为 $\Delta\omega_i = \omega_{i+1} - \omega_i$。于是，当 $\varphi = \varphi_i$ 时，式 (6-21) 可写为

$$(J_{i+1} - J_i)\omega_i^2/2 + J_i\omega_i(\omega_{i+1} - \omega_i) = M_e(\varphi_i,\omega_i)\Delta\varphi \tag{6-22}$$

解出 ω_{i+1} 得

$$\omega_{i+1} = \frac{M_e(\varphi_i,\omega_i)\Delta\varphi}{J_i\omega_i} + \frac{3J_i - J_{i+1}}{2J_i}\omega_i \tag{6-23}$$

为了确定等效构件的角加速度 α 的变化规律，可利用式 (6-17) 求得

$$\alpha = \omega\mathrm{d}\omega/\mathrm{d}\varphi \tag{6-24}$$

该式也可用数值计算法近似求解，即以 $\Delta\omega/\Delta\varphi$ 近似代替 $\mathrm{d}\omega/\mathrm{d}\varphi$，并定出初始条件，然后逐点计算即可确定出角加速度 α 的变化规律。

2. 计算实例

【例 6-4】　设有一台由电动机驱动的牛头刨床，当取主轴为等效构件时，其等效力矩 $\boldsymbol{M}_e =$

$5500-1000\omega-M_{er}(\mathrm{N \cdot m})$，$\omega_0=5\mathrm{rad/s}$，等效转动惯量 J_e 与等效阻抗力矩 M_{er} 皆为位置的函数，其值列于表 6-2 中。试分析该机械在稳定运转阶段的运动情况。

表 6-2　牛头刨床的原始数据

i	$\varphi/(°)$	$M_{er}(\varphi)/\mathrm{N \cdot m}$	$J_e(\varphi)/\mathrm{kg \cdot m^2}$	i	$\varphi/(°)$	$M_{er}(\varphi)/\mathrm{N \cdot m}$	$J_e(\varphi)/\mathrm{kg \cdot m^2}$
0	0	789	34.0	13	195	150	37.2
1	15	812	33.9	14	210	157	35
2	30	825	33.6	15	225	152	33
3	45	797	33.1	16	240	132	31.5
4	60	727	32.4	17	255	132	31.1
5	75	85	31.8	18	270	139	31.2
6	90	105	31.2	19	285	145	31.8
7	105	137	31.1	20	300	756	32.4
8	120	181	31.6	21	315	803	33.1
9	135	185	33	22	330	818	33.6
10	150	179	35	23	345	802	33.9
11	165	150	37.2	24	360	789	34.0
12	180	141	38.2				

3．程序设计

机械运动方程求解程序 ch6 _ 4 文件

****

%1．输入已知各参数

```
clear;
hu＝pi/180;
delta _ phi＝15 * hu;
omega(1)＝5;omega(25)＝4;
phi＝0:15:360;
Mer＝[789  812  825  797  727  85  105  137  181  185  179  150  141  150  157  152  132
     132  139  145  756  803  818  802  789];
J＝[34.0  33.9  33.6  33.1  32.4  31.8  31.2  31.1  31.6  33  35  37.2  38.2  37.2  35
   33  31.5  31.1  31.2  31.8  32.4  33.1  33.6  33.9  34.0];
```

%2．数值法计算等效构件角速度和角加速度

```
k＝0;
while abs(omega(1) - omega(25))＞1e - 3
    omega(1)＝omega(25);
for i＝1:24
    Me(i)＝5500 - 1000 * omega(i) - Mer(i);
    omega(i + 1)＝Me(i) * delta _ phi/(J(i) * omega(i)) + (3 * J(i) - J(i + 1))/(2 * J(i)) * omega(i);
    alpha(i)＝omega(i) * (omega(i + 1) - omega(i))/delta _ phi;
end
    k＝k + 1;
end
```

%3．输出计算结果

figure(1);

```
plot(phi,omega);%绘制等效构件角速度变化曲线图
title('等效构件角速度\omega的变化');
xlabel('曲柄转角\phi/\circ')
ylabel('角速度\omega/rad\cdots^{-1}')
grid on;hold on;
axis([0 360 0 6]);
i=1:24;
figure(2);
plot(phi(i),alpha(i));%绘制等效力矩Me曲线图
title('等效构件角加速度\alpha的变化');
xlabel('曲柄转角\phi/\circ')
ylabel('角加速度\alpha/rad\cdots^{-2}')
grid on;
```

4. 运算结果

图 6-9 为牛头刨床机械在稳定运转阶段的真实运动情况。

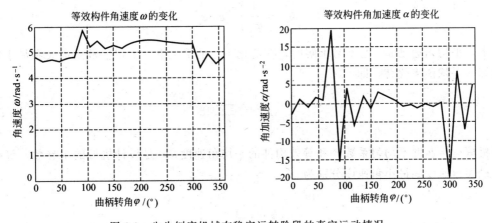

图 6-9 牛头刨床机械在稳定运转阶段的真实运动情况

第四节 机械运转的速度波动及其调节方法

机械的等速运转只有在等效驱动力矩 M_{ed} 和等效阻抗力矩 M_{er} 随时相等的情况下才能实现。否则，在某一瞬时，驱动功和阻抗功就不相等，将出现盈功或亏功，使机械的速度加大或减小，产生速度的波动，见图 6-10。

一、数学模型的建立

1. 机械运转速度不均匀系数 δ 和平均角速度 ω_m

机械周期性速度波动的程度可用机械运转速度不均匀系数 δ 来表示。δ 为稳定运转阶段角速度的最大差值与平均角速度的比值，即

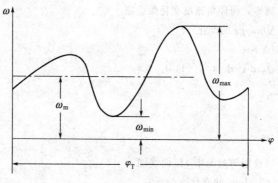

$$图 6\text{-}10 \quad 机械运转的速度波动$$

$$\delta = \frac{\omega_{\max} - \omega_{\min}}{\omega_{\mathrm{m}}} \tag{6-25}$$

其中（$\omega_{\max} - \omega_{\min}$）称为机械运转的绝对波动程度（或绝对不均匀度），$\delta$ 反映机械的相对波动程度。当机械等效构件的运转速度作周期性波动时，其平均角速度 ω_{m} 为

$$\omega_{\mathrm{m}} = \frac{1}{\varphi_T} \int_0^{\varphi_T} \omega \, \mathrm{d}\varphi \tag{6-26}$$

实际上，平均角速度 ω_{m} 是不易求解的，在变化不大的情况下，工程上常用最大和最小角速度的算术平均值来代替，即

$$\omega_{\mathrm{m}} = \frac{\omega_{\max} + \omega_{\min}}{2} \tag{6-27}$$

机械运转速度不均匀系数 δ 和等效构件的平均角速度 ω_{m} 是设计机械的主参数，等效构件的最大角速度和最小角速度分别为

$$\left.\begin{aligned} \omega_{\max} &= \omega_{\mathrm{m}}\left(1 + \frac{\delta}{2}\right) \\ \omega_{\min} &= \omega_{\mathrm{m}}\left(1 - \frac{\delta}{2}\right) \end{aligned}\right\} \tag{6-28}$$

2. 速度波动的调节方法

对于周期性速度波动，可以利用飞轮储能和放能的特性来调节。当机械出现盈功时，飞轮把多余的能量吸收储存起来；当机械出现亏功时，飞轮又把储存的能量释放出来，使机械主轴角速度上升和下降的幅度减小，从而降低机械运转速度的波动程度。飞轮调速是在机械内部起转化和调节功能的作用，而其本身并不能产生和消耗掉能量，飞轮在机械系统中相当于一个容量很大的能量存储器。

3. 飞轮转动惯量 J_F 的确定

飞轮设计的基本问题是根据实际的平均角速度 ω_{m} 和许用速度不均匀系数 $[\delta]$ 来确定飞轮的转动惯量 J_F。

设计时，忽略等效转动惯量中的变量部分，假设机械的等效转动惯量 J_e 为常数，并认为飞轮安装在等效构件上，则飞轮的转动惯量应为

$$J_F = \frac{\Delta W_{max}}{\omega_m^2 [\delta]} - J_e \qquad (6\text{-}29)$$

如果 $J_e \ll J_F$，J_e 可忽略不计，则

$$J_F = \frac{\Delta W_{max}}{\omega_m^2 [\delta]} \qquad (6\text{-}30)$$

式中，ΔW_{max} 为机械系统的最大盈亏功，$\Delta W_{max} = E_{max} - E_{min}$。

二、计算实例

【例 6-5】 假设在例 6-4 的牛头刨床的等效构件的回转轴上，加一个转动惯量 $J_F = 587.92849\text{kg} \cdot \text{m}^2$ 的飞轮，试求该机械的运动规律。

三、程序设计

与例 6-4 的程序设计相同，只是机械中的等效转动惯量改为 $J = J_e + J_F$。

四、运算结果

图 6-11 为牛头刨床机械安装飞轮后的真实运动情况。

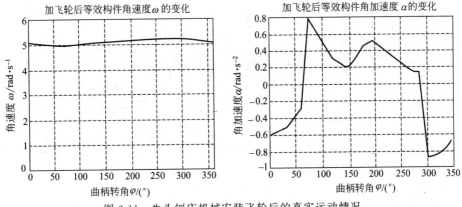

图 6-11 牛头刨床机械安装飞轮后的真实运动情况

习　题

6-1 在图示的搬运器机构中，已知滑块质量 $m = 20\text{kg}$，$l_{AB} = l_{ED} = 100\text{mm}$，$l_{BC} = l_{CD} = l_{EF} = 200\text{mm}$，$\varphi_1 = \varphi_{23} = \varphi_3 = 90°$。求由作用在滑块 5 上的阻力 $F_5 = 1\text{kN}$ 而折算到构件 1 的轴 A 上的等效阻抗力矩 M_{er} 及换算到轴 A 上的滑块质量的等效转动惯量 J_e。

6-2 在图示的轮系中，设已知各轮的齿数 $z_1 = z_{2'} = 20$，$z_2 = z_3 = 40$，各轮的转动惯量 $J_1 = J_{2'} = 0.01\text{kg} \cdot \text{m}^2$，$J_2 = J_3 = 0.04\text{kg} \cdot \text{m}^2$。作用在轴 O_3 上的阻抗力矩 $M_3 = 40\text{N} \cdot \text{m}$。当取齿轮 1 为等效构件时，试求机构的等效转动惯量和阻抗力矩 M_3 的等效力矩 M_e。

6-3 设有一由电动机驱动的机械系统，以主轴为等效构件时，作用于其上的等效驱动力矩 $M_{ed} = 10000 - 100\omega \ \text{N} \cdot \text{m}$，等效阻抗力矩 $M_{er} = 8000 \ \text{N} \cdot \text{m}$，等效转动惯量 $J_e = 8\text{kg} \cdot \text{m}^2$，主轴的初始角速度 $\omega_0 = 100\text{rad/s}$。试确定运转过程中角速度 ω 与角加速度 α 随时间的变化关系。

6-4 如图所示，已知折算到机器主轴上的等效驱动力矩为常数 $M_{ed} = 75\text{N} \cdot \text{m}$ 及等效阻抗力矩 M_{er} 按直线递减变化，又在主轴上的等效转动惯量为常数 $J_e = 1\text{kg} \cdot \text{m}^2$，运动循环开始时主轴的转角和角速度分

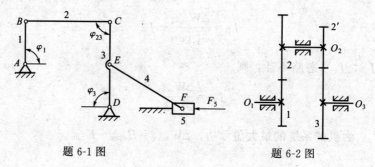

题 6-1 图　　　　　　　　题 6-2 图

别为 $\varphi_0 = 0°$ 和 $\omega_0 = 100\text{rad/s}$，求当 $\varphi = 0° \sim 180°$ 时主轴的角速度和角加速度。

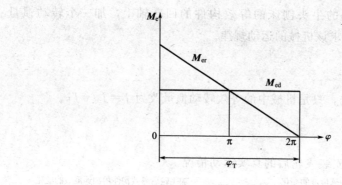

题 6-4 图

习　题

应用最优化方法进行机构设计，是近年来机构学发展的一个重要方面。最优化方法的内容十分丰富，而机构优化设计主要是应用非线性规划的优化技术来解决机构综合问题，本章通过两个计算实例介绍了 MATLAB 及其优化工具箱在机构优化设计中的应用。

第一节 平面连杆机构再现已知运动规律的优化设计

如图 7-1 所示，设计一曲柄摇杆机构，要求当曲柄 AB 从 φ_0 转到 φ 时，摇杆 CD 按已知的运动规律 $\varphi_E(\varphi)$ 运动。

一、数学模型的建立

1. 设计变量的确定

设曲柄摇杆机构各杆的长度分别为 l_1、l_2、l_3、l_4，初始角为 φ_0，考虑到杆长按比例变化，不会改变其运动规律，计算时取曲柄长度 $l_1=1$，而其他杆长则按比例取为 l_1 的倍数。其曲柄和摇杆的初始角 φ_0 和 ψ_0 分别为

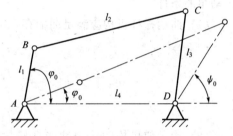

图 7-1 曲柄摇杆机构

$$\left. \begin{array}{l} \varphi_0 = \arccos \dfrac{(l_1+l_2)^2 + l_4^2 - l_3^2}{2(l_1+l_2)l_4} \\[4mm] \psi_0 = \arccos \dfrac{(l_1+l_2)^2 - l_4^2 - l_3^2}{2l_3 l_4} \end{array} \right\} \tag{7-1}$$

所以该问题只有三个独立参数 l_2、l_3 和 l_4，因此设计变量可确定为：

$$\boldsymbol{x} = [x_1, x_2, x_3]^T = [l_2, l_3, l_4]^T \tag{7-2}$$

2. 目标函数的建立

取机构已知运动规律与实际运动规律的偏差最小为指标来建立目标函数。即

$$\min f(X) = \sum_{i=0}^{m} (\psi_{Ei} - \psi_i)^2 \tag{7-3}$$

式中，m 为输出角等分数；ψ_{Ei} 为期望输出角，$\psi_{Ei} = \psi_E(\varphi_i)$；$\psi_i$ 为实际输出角，由图 7-2 可得

$$\psi_i = \begin{cases} \pi - \alpha_i - \beta_i & (0 < \varphi_i \leqslant \pi) \\ \pi - \alpha_i + \beta_i & (\pi < \varphi_i \leqslant 2\pi) \end{cases} \tag{7-4}$$

其中 α_i、β_i 应满足如下关系式

$$\alpha_i = \arccos\left(\frac{{r_i}^2 + {l_3}^2 - {l_2}^2}{2r_i l_3}\right) = \arccos\left(\frac{{r_i}^2 + {x_2}^2 - {x_1}^2}{2r_i x_2}\right) \tag{7-5}$$

$$\beta_i = \arccos\left(\frac{{r_i}^2 + {l_4}^2 - {l_1}^2}{2r_i l_4}\right) = \arccos\left(\frac{{r_i}^2 + x_3^2 - l_1^2}{2r_i x_3}\right) \tag{7-6}$$

$$r_i = \sqrt{{l_1}^2 + {l_4}^2 - 2l_1 l_4 \cos\varphi_i} = \sqrt{l_1^2 + x_3^2 - 2l_1 x_3 \cos\varphi_i} \tag{7-7}$$

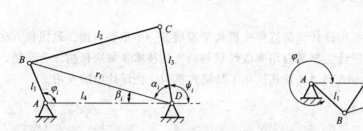

图 7-2　摇杆实际输出角

3. 约束条件的确定

曲柄摇杆机构受两个方面的约束：一个是铰链四杆机构存在曲柄的条件；另一个是最小传动角的条件。

（1）曲柄摇杆机构应满足曲柄存在的条件，由此可得

$$l_2 \geqslant l_1,\ l_3 \geqslant l_1,\ l_4 \geqslant l_1 \tag{7-8}$$

$$l_2 + l_3 \geqslant l_1 + l_4 \tag{7-9}$$

$$l_3 + l_4 \geqslant l_1 + l_2 \tag{7-10}$$

$$l_2 + l_4 \geqslant l_1 + l_3 \tag{7-11}$$

（2）为了使机构的传力性能良好，曲柄摇杆机构的传动角应在许用的 $[\gamma_{\min}]$ 和 $[\gamma_{\max}]$ 之间。

曲柄在与机架共线的位置时，机构存在最小或最大传动角。由此得

$$\arccos\left[\frac{l_2^2 + l_3^2 - (l_1 - l_4)^2}{2l_2 l_3}\right] = \arccos\left[\frac{x_1^2 + x_2^2 - (l_1 - x_3)^2}{2x_1 x_2}\right] \geqslant [\gamma_{\min}] \tag{7-12}$$

$$\arccos\left[\frac{l_2^2 + l_3^2 - (l_4 + l_1)^2}{2l_2 l_3}\right] = \arccos\left[\frac{x_1^2 + x_2^2 - (x_3 + l_1)^2}{2x_1 x_2}\right] \leqslant [\gamma_{\max}] \tag{7-13}$$

将式（7-8）～式（7-13）整理，可得如下约束方程

$$g_1(X) = l_1 - x_1 \leqslant 0$$

$$g_2(X) = l_1 - x_2 \leqslant 0$$

$$g_3(X) = l_1 - x_3 \leqslant 0$$

$$g_4(X) = (l_1 + x_3) - (x_1 + x_2) \leqslant 0$$

$$g_5(X) = (l_1 + x_1) - (x_2 + x_3) \leqslant 0$$

$$g_6(X) = (l_1 + x_2) - (x_1 + x_3) \leqslant 0$$

$$g_7(X) = x_1^2 + x_2^2 - (l_1 - x_3)^2 - 2x_1 x_2 \cos[\gamma_{\min}] \leqslant 0$$

$$g_8(X)=(l_1+x_3)^2+2x_1x_2\cos[\gamma_{\max}]-(x_1^2+x_2^2)\leqslant 0$$

二、计算实例

【例 7-1】　如图 7-3 所示，设计一曲柄摇杆机构，要求曲柄 AB 从 φ_0 转到 $\varphi_m=\varphi_0+90°$ 时，摇杆 CD 的转角最佳再现已知的运动

规律：$\psi_{Ei}=\psi_0+\dfrac{2}{3\pi}(\varphi_i-\varphi_0)^2$ 且已知 $l_1=$ 1，$l_4=5$，φ_0 为曲柄 AB 的右极位角，其传动角允许在 $45°\leqslant\gamma\leqslant 135°$ 范围内变化。

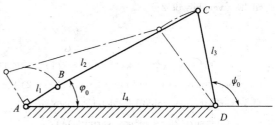

图 7-3　曲柄摇杆机构极限位置

解：由于机架长度 l_4 已知，所以该问题的设计变量降为两个，为

$$\pmb{x}=[x_1,x_2]^{\mathrm T}=[l_2,l_3]^{\mathrm T}$$

将输入角分成 30 等分，可得目标函数为

$$\min f(X)=\sum_{i=0}^{30}(\psi_{Ei}-\psi_i)^2$$

得到约束方程

$$g_1(X)=1-x_1\leqslant 0$$
$$g_2(X)=1-x_2\leqslant 0$$
$$g_4(X)=6-x_1-x_2\leqslant 0$$
$$g_5(X)=x_1-x_2-4\leqslant 0$$
$$g_6(X)=x_2-x_1-4\leqslant 0$$
$$g_7(X)=x_1^2+x_2^2-1.414x_1x_2-16\leqslant 0$$
$$g_8(X)=36-x_1^2-x_2^2-1.414x_1x_2\leqslant 0$$

三、程序设计

该曲柄摇杆机构设计是一个二维非线性有约束的优化设计问题，在这里应用 MATLAB 优化工具箱中的 fmincon 函数进行优化计算，其程序由主程序 crank_opt_main、目标函数 crankobjfun 和约束条件函数 crankconfun 组成。除此之外，还编写了目标函数的可视化表示程序 crankobjfun_VR。

1. 主程序 crank_opt_main 文件

```
＊＊＊＊＊＊＊＊＊＊＊＊＊＊＊＊＊＊＊＊＊＊＊＊＊＊＊＊＊＊＊＊＊＊＊＊＊＊＊＊
x0=[6;2.5];        %初始点
lb=[0;0];          %设置下界
ub=[];             %无上界
A=[-1,-1;1,-1;-1,1];%线性约束条件
b=[-6;4;4];
%采用标准算法
%options=optimset('largescale','off');
[x,fval]=fmincon('crankobjfun',x0,A,b,[],[],lb,ub,'crankconfun')
```

2. 目标函数 crankobjfun 文件

```
* * * * * * * * * * * * * * * * * * * * * * * * * * * * * * * * * * * * * * * * * * * * * * * * *
function sum＝crankobjfun(x)
sum＝0;
delta _ varphi＝pi/2;
n＝30;
for i ＝1:n
    varphi0＝acos((((1 ＋ x(1)) * (1 ＋ x(1)) - x(2) * x(2) ＋ 25)/(10 * (1 ＋ x(1)))));
    psi0＝acos((((1 ＋ x(1)) * (1 ＋ x(1)) - x(2) * x(2) - 25)/(10 * x(2))));
    varphi(i)＝varphi0 ＋ i * delta _ varphi/n;
    r(i)＝sqrt(26 - 10 * cos(varphi(i)));
    alpha(i)＝acos((r(i) * r(i) ＋ x(2) * x(2) - x(1) * x(1))/(2 * r(i) * x(2)));
    beta(i)＝acos((r(i) * r(i) ＋ 24)/(10 * r(i)));
    if varphi(i)＜pi ＆ varphi(i)＞＝0
        psi(i)＝pi - alpha(i) - beta(i);
    else
        psi(i)＝pi - alpha(i) ＋ beta(i);
    end
    psiE(i)＝psi0 ＋ 2/(3 * pi) * ((varphi(i) - varphi0) * (varphi(i) - varphi0));
    sum＝sum ＋ (psi(i) - psiE(i)) * (psi(i) - psiE(i));
end
```

3. 约束条件函数 crankconfun 文件

```
* * * * * * * * * * * * * * * * * * * * * * * * * * * * * * * * * * * * * * * * * * * * * * * * *
function[c,ceq]＝crankconfun(x)
%非线性不等式约束
c＝[x(1) * x(1) ＋ x(2) * x(2) - 1.414 * x(1) * x(2) - 16;   36 - x(1) * x(1) - x(2) * x(2) - 1.414 * x(1) * x(2)];
%非线性等式约束
ceq＝[];
```

4. 目标函数的可视化表示程序 crankobjfun _ VR 文件

```
* * * * * * * * * * * * * * * * * * * * * * * * * * * * * * * * * * * * * * * * * * * * * * * * *
%目标函数可视化表示
clear;
%计算目标函数值
i＝0;
for x1＝4:0.1:5.3
    i＝i ＋ 1;j＝0;
for x2＝1.8:0.1:4
    j＝j ＋ 1;
    x0(1)＝x1;a1＝x0(1);
    x0(2)＝x2;a2＝x0(2);
    sum(i,j)＝crankobjfun(x0);
```

```
end
end
%绘目标函数三维曲面图
figure(1);
x1=4:0.1:5.3;
x2=1.8:0.1:4;
mesh(x1,x2,sum');
xlabel('x1');
ylabel('x2');
zlabel('f(x1,x2)');
title('目标函数三维曲面图');
%绘目标函数等值线图
figure(2);
contour(x1,x2,sum',25);
grid on;hold on;
xlabel('x1');
ylabel('x2');
titie('目标函数等值线图');
axis([4,6,1,6]);
%绘非线性约束函数曲线图
x1=3:0.01:5.65;
x2=(1.414 * x1 + sqrt(((1.414 * 1.414 - 4) * x1. * x1 + 64)))/2;
plot(x1,x2);
x1=3:0.01:5.65;
x2=(1.414 * x1 - sqrt(((1.414 * 1.414−4) * x1. * x1 + 64)))/2;
plot(x1,x2);
```

四、运算结果

取初值 $x=[6,2.5]^{\mathrm{T}}$，经过计算得最优解为

$$x=[4.1289,2.3224]^{\mathrm{T}}$$
$$f(x)=0.0076$$

图 7-4 为目标函数的三维曲面图和等值线图的可视化表示。

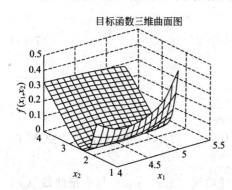 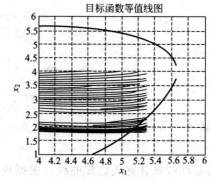

彩图

图 7-4　目标函数可视化表示

平面连杆机构再现已知运动轨迹的优化设计

如图 7-5 所示，试设计一铰链四杆机构，使其连杆上点 M 的连杆曲线 $y_M = f_1(x_M)$ 最佳逼近已知曲线 $y = f(x)$。

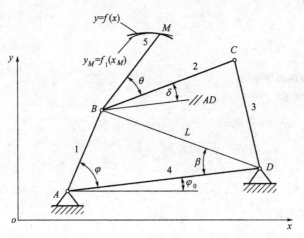

图 7-5　铰链四杆机构实现预定轨迹

一、数学模型的建立

1. 设计变量的确定

如图 7-5 所示建立直角坐标系 xoy，连杆上点 M 在坐标中的位置取决于各构件的长度 l_1、l_2、l_3、l_4、l_5，点 A 的坐标 x_A、y_A，角度参数 θ、φ_0，故取设计变量为

$$x = [l_1, l_2, l_3, l_4, l_5, x_A, y_A, \theta, \varphi_0]^T$$

2. 目标函数的建立

取曲柄 AB 的转角 φ 作为自变量，由图 7-5 得连杆上点 M 的坐标为

$$\left.\begin{aligned} x_M &= x_A + l_1\cos(\varphi_0+\varphi) + l_5\cos(\theta+\delta+\varphi_0) \\ y_M &= y_A + l_1\sin(\varphi_0+\varphi) + l_5\sin(\theta+\delta+\varphi_0) \end{aligned}\right\} \tag{7-14}$$

式中

$$\delta = \arccos\frac{l_2^2+r^2-l_3^2}{2l_2 r} - \beta \tag{7-15}$$

$$\beta = \arcsin\frac{l_1\sin\varphi}{r} \tag{7-16}$$

$$r = \sqrt{l_1^2+l_4^2-2l_1 l_4\cos\varphi} \tag{7-17}$$

将曲柄的一周转角 n 等分，得 φ_1, φ_2, $\cdots$, φ_n，代入式（7-14）得连杆曲线上点 M 的坐标 (x_M, y_M)。

为使点 M 的连杆曲线最佳逼近已知曲线，根据连杆曲线 (x_M, y_M) 与给定曲线 (x, y) 在规定的 n 个点的均方根误差最小来建立目标函数，即

$$f(x) = \sum_{i=1}^{n} \left[(x_{Mi} - x_i)^2 + (y_{Mi} - y_i)^2 \right]^{\frac{1}{2}} \tag{7-18}$$

3. 约束条件的确定

如第一节所述，曲柄摇杆机构应满足曲柄存在的条件和最小传动角条件，故其约束方程为式（7-8）～式（7-13）。即：

① 曲柄摇杆机构应满足曲柄存在的条件。

$$l_2 \geqslant l_1, \; l_3 \geqslant l_1, \; l_4 \geqslant l_1$$
$$l_2 + l_3 \geqslant l_1 + l_4$$
$$l_3 + l_4 \geqslant l_1 + l_2$$
$$l_2 + l_4 \geqslant l_1 + l_3$$

② 曲柄摇杆机构的传动角应在许用的 $[\gamma_{min}]$ 和 $[\gamma_{max}]$ 之间。

$$\arccos\left[\frac{l_2^2 + l_3^2 - (l_1 - l_4)^2}{2l_2 l_3}\right] = \arccos\left[\frac{x_1^2 + x_2^2 - (l_1 - x_3)^2}{2x_1 x_2}\right] \geqslant [\gamma_{min}]$$

$$\arccos\left[\frac{l_2^2 + l_3^2 - (l_4 + l_1)^2}{2l_2 l_3}\right] = \arccos\left[\frac{x_1^2 + x_2^2 - (x_3 + l_1)^2}{2x_1 x_2}\right] \leqslant [\gamma_{max}]$$

二、计算实例

【例 7-2】 如图 7-5 所示，在平面坐标系 xoy 内，给定轨迹曲线 $y = f(x)$，其轨迹上 10 个主要点的坐标为

坐标	1	2	3	4	5	6	7	8	9	10
x_i	9.50	9.00	7.96	5.65	4.36	3.24	3.26	4.79	6.58	9.12
y_i	8.26	8.87	9.51	9.94	9.70	9.00	8.36	8.11	8.0	7.89

要求机构最小传动角 $\gamma_{min} \geqslant 30°$，试设计一平面四杆机构，使其连杆上点 M 的连杆曲线 $y_M = f_1(x_M)$ 最佳逼近已知曲线 $y = f(x)$。

解： 如图 7-5 所示，设计变量取各构件的长度 l_1、l_2、l_3、l_4、l_5，点 A 的坐标 x_A、y_A 和角度参数 θ、φ_0，为

$$x = [l_1, l_2, l_3, l_4, l_5, x_A, y_A, \theta, \varphi_0]^T$$

由于已知轨迹上有 10 个主要点的坐标，故将曲柄转角分成 10 等分，在一周内取 11 组对应坐标点进行计算，可得目标函数为

$$f(x) = \sum_{i=1}^{11} \left[(x_{Mi} - x_i)^2 + (y_{Mi} - y_i)^2 \right]^{\frac{1}{2}}$$

将式（7-8）～式（7-13）整理，可得如下约束方程

$$g_1(X) = l_1 - l_2 \leqslant 0$$
$$g_2(X) = l_1 - l_3 \leqslant 0$$
$$g_3(X) = l_1 - l_4 \leqslant 0$$
$$g_4(X) = (l_1 + l_4) - (l_2 + l_3) \leqslant 0$$
$$g_5(X) = (l_1 + l_2) - (l_3 + l_4) \leqslant 0$$
$$g_6(X) = (l_1 + l_3) - (l_2 + l_4) \leqslant 0$$
$$g_7(X) = l_2^2 + l_3^2 - (l_4 - l_1)^2 - 2l_2 l_3 \cos\left(\frac{\pi}{6}\right) \leqslant 0$$

$$g_8(X) = (l_1 + l_4)^2 + 2l_2l_3\cos\left(\frac{5\pi}{6}\right) - (l_2^2 + l_3^2) \leqslant 0$$

三、程序设计

在该四杆机构设计中，有 9 个设计变量，8 个约束条件，其中 6 个为线性不等式约束，2 个为非线性不等式约束，是一个有约束的非线性优化设计问题，同样应用 MATLAB 中的优化工具箱进行优化设计计算，其程序由主程序 link_opt_main、目标函数 linkobjfun 和约束条件函数 linkconfun 组成。为了能够直观地了解四杆机构设计的结果，还编写了四杆机构运动仿真程序 link_kinematics_simulation，将已知轨迹坐标点和优化设计计算结果代入程序，就可以得到给定轨迹曲线和连杆上点 M 的运动曲线。

1. 主程序 link_opt_main 文件

```
* * * * * * * * * * * * * * * * * * * * * * * * * * * * * * * * * * * * *
x0=[2;4;4;5;5;1;1;20;-40];%初始点
lb=[1;3;3;4;5;0;0;0;-100];%设置上界
ub=[3;7;7;6;15;4;4;100;-30];%设置下界
%设置线性约束条件 A 和 b
A=[1  -1   0   0  0 0 0 0 0;
   1   0  -1   0  0 0 0 0 0;
   1   0   0  -1  0 0 0 0 0;
   1  -1  -1   1  0 0 0 0 0;
   1   1  -1  -1  0 0 0 0 0;
   1  -1   1  -1  0 0 0 0 0]
b=[0;0;0;0;0;0];
%采用标准算法
options=optimset('largescale','off','TolFun',1e-12);
[x,fval]=fmincon('linkobjfun',x0,A,b,[],[],lb,ub,'linkconfun',options);
```

2. 目标函数 linkobjfun 文件

```
* * * * * * * * * * * * * * * * * * * * * * * * * * * * * * * * * * * * *
function f_sum=linkobjfun(z)
%设计变量
l1=z(1);
l2=z(2);
l3=z(3);
l4=z(4);
l5=z(5);
xa=z(6);
ya=z(7);
theta=z(8) * pi/180;
varphi0=z(9) * pi/180;
%给定轨迹坐标
x=[6.58  9.12  9.50  9.00 7.96 5.65 4.36 3.24 3.26 4.79 6.58]';
y=[8.00  7.89  8.26  8.87 9.51 9.94 9.70 9.00 8.36 8.11 8.00]';
%计算目标函数
```

```
f_sum=0;
delta_varphi=pi/2;
n=11;
varphi=0:36:360;
varphi=varphi*pi/180;
for i=1:n;
    r=sqrt(l1*l1+l4*l4-l1*l4*cos(varphi(i)));
    beta=asin(l1*sin(varphi(i))/r);
    delta=acos((l2*l2+r*r-l3*l3)/(2*l2*r))-beta;
    xm(i)=xa+l1*cos(varphi0+varphi(i))+l5*cos(theta+delta+varphi0);
    ym(i)=ya+l1*sin(varphi0+varphi(i))+l5*sin(theta+delta+varphi0);
    f_sum=f_sum+sqrt((xm(i)-x(i))^2+(ym(i)-y(i))^2);
end
f_sum;
```

3. 约束条件函数 linkconfun 文件

```
* * * * * * * * * * * * * * * * * * * * * * * * * * * * * * * * * * * * * * *
function[c,ceq]=linkconfun(z)
%设计变量
l1=z(1);
l2=z(2);
l3=z(3);
l4=z(4);
l5=z(5);
xa=z(6);
ya=z(7);
theta=z(8)*pi/180;
varphi0=z(9)*pi/180;
%非线性不等式约束
c=[l3*l3+l2*l2-(l4-l1)*(l4-l1)-2*l3*l2*cos(pi/6);
    (l4+l1)*(l4+l1)-l3*l3-l2*l2+2*l3*l2*cos(pi*5/6)];
%非线形等式约束
ceq=[];
```

4. 铰链四杆机构再现轨迹运动仿真函数 link_kinematics_simulation 文件

```
* * * * * * * * * * * * * * * * * * * * * * * * * * * * * * * * * * * * * * *
% 1. 从连杆优化设计程序 link_opt_main.m 读取设计变量计算结果值
l1=x(1);
l2=x(2);
l3=x(3);
l4=x(4);
l5=x(5);
xa=x(6);
ya=x(7);
theta=x(8)*pi/180;
varphi0=x(9)*pi/180;
```

```
%2. 给出已知轨迹坐标
x=[9.50 9.00 7.96 5.65 4.36 3.24 3.26 4.79 6.58 9.12 9.50]';
y=[8.26 8.87 9.51 9.94 9.70 9.00 8.36 8.11 8.0 7.89 8.26]';
```

```
%3. 计算连杆上点 M 的运动曲线坐标
varphi=0:1:360;
varphi=varphi*pi/180;
for i=1:361;
    r=sqrt(l1*l1+l4*l4-l1*l4*cos(varphi(i)));
    beta=asin(l1*sin(varphi(i))/r);
    delta(i)=acos((l2*l2+r*r-l3*l3)/(2*l2*r))-beta;
    xm(i)=xa+l1*cos(varphi0+varphi(i))+l5*cos(theta+delta(i)+varphi0);
    ym(i)=ya+l1*sin(varphi0+varphi(i))+l5*sin(theta+delta(i)+varphi0);
end
```

```
%4. 再现预定轨迹运动仿真
j=0;
for   i=1:5:361
    j=j+1;
    clf;
    axis equal;hold on;
    axis([-1  13  -2  12]);
    xp(1)=xa;
    yp(1)=ya;
    xp(2)=xa+l1*cos(varphi0+varphi(i));
    yp(2)=ya+l1*sin(varphi0+varphi(i));
    xp(3)=xa+l1*cos(varphi0+varphi(i))+l2*cos(delta(i)+varphi0);
    yp(3)=ya+l1*sin(varphi0+varphi(i))+l2*sin(delta(i)+varphi0);
    xp(4)=xa+l4*cos(varphi0);
    yp(4)=ya+l4*sin(varphi0);
    xp(5)=xp(1);
    yp(5)=yp(1);
    xp(6)=xp(2);
    yp(6)=yp(2);
    xp(7)=xm(i);
    yp(7)=ym(i);
    plot(xp,yp);
    plot(xp(1),yp(1),'o');
    plot(xp(2),yp(2),'o');
    plot(xp(3),yp(3),'o');
    plot(xp(4),yp(4),'o');
    plot(xp(7),yp(7),'o');
    plot(x,y,'r');
    plot(xm,ym,'k');grid on;hold on;
    axis([-1  13  -2  12]);
    title('铰链四杆机构再现预定轨迹运动仿真');
```

```
    m(j) = getframe;
end
movie(m);
```

四、运算结果

取各设计变量的上下界值分别为：

$$lb = [1，3，3，4，5，0，0，0°，-100°]^T$$

$$ub = [3，7，7，6，15，4，4，100°，-30°]^T$$

在各设计变量的上下界取值范围内，选取初值 $x_0 = [2，4，4，5，5，1，1，20，-40]^T$，经过计算得最优解为

$$x^* = [l_1，l_2，l_3，l_4，l_5，x_A，y_A，\theta，\varphi_0]^T$$

$$= [1.8220，5.0805，6.6406，5.2093，6.2846，2.8526，3.7483，29.6838°，$$

$$-52.1434°]^T$$

$$f(x^*) = 1.7139$$

将最优解 x^* 代入 link _ kinematics _ simulation 程序中，就可以输出给定轨迹曲线、连杆上点 M 的运动曲线和四杆机构的运动仿真如图 7-6 所示。

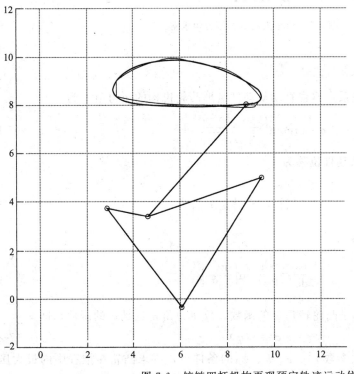

彩图

动画

图 7-6 铰链四杆机构再现预定轨迹运动仿真

第三节 凸轮机构最大压力角及其位置的确定

如图 7-7 所示，已知凸轮机构的有关参数为基圆半径 r_0、偏距 e、行程 h、推程运动角

φ_0，从动件运动规律为余弦加速度，试求凸轮机构的最大压力角 $\alpha_{\max}$ 及其对应的凸轮转角 φ。

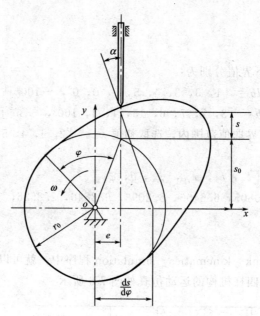

图 7-7　凸轮机构最大压力角求解

一、数学模型的建立

根据图 7-7 所示的几何关系，偏置直动从动件盘形凸轮机构的压力角 α 为

$$\alpha = \arctan\left(\frac{\mathrm{d}s/\mathrm{d}\varphi - e}{s + \sqrt{r_0^2 - e^2}}\right) \tag{7-19}$$

余弦加速度运动规律的从动件位移为

$$s = \frac{h}{2}\left[1 - \cos\left(\frac{\pi}{\varphi_0}\varphi\right)\right] \tag{7-20}$$

位移 s 对 φ 的一阶导数为

$$\frac{\mathrm{d}s}{\mathrm{d}\varphi} = \frac{\pi h}{2\varphi_0}\sin\left(\frac{\pi}{\varphi_0}\varphi\right) \tag{7-21}$$

由此可见，s 和 $\mathrm{d}s/\mathrm{d}\varphi$ 都是凸轮转角 φ 的函数，故压力角 α 也是 φ 的函数，即

$$\alpha = f(\varphi) \tag{7-22}$$

在已选定运动规律及有关参数 r_0、e、h、φ_0 的条件下，寻求凸轮在推程中的最大压力角 $\alpha_{\max}$ 及其对应的凸轮转角 φ，按照优化一般求极小值的规定，建立其优化设计数学模型。

设计变量为

$$x = \varphi \tag{7-23}$$

目标函数为

$$\min f(\varphi) = -\arctan\left(\frac{\mathrm{d}s/\mathrm{d}\varphi - e}{s + \sqrt{r_0^2 - e^2}}\right) \tag{7-24}$$

约束条件为

$$0 \leqslant \varphi \leqslant \varphi_0 \tag{7-25}$$

二、计算实例

【例 7-3】 已知直动从动件盘形凸轮机构的理论廓线基圆半径 $r_0 = 40 \text{mm}$，从动件偏距 $e = 0$，行程 $h = 20 \text{mm}$，推程运动角 $\varphi_0 = 90°$，从动件运动规律为余弦加速度，求凸轮机构的最大压力角 α_{max} 及其对应的凸轮转角 φ。

三、程序设计

该问题为一维优化问题，这里选用黄金分割法进行优化计算，其程序由主程序 goldmethod-main、区间搜索子函数 search 和目标函数 ff 组成。

1. 黄金分割法主程序 goldmethod _ main 文件

```
*******************************************************************
clear;
lambda=0.618;%分割比 λ
h0=1;%初始试探步长
%1. 调用子函数 search,确定搜索区间[a,b]
[a,b]=search(h0);

%2. 计算 α1,α2 和函数值 y1,y2,确定最优步长 α
a1=b - lambda * (b - a);y1=ff(a1);
a2=a + lambda * (b - a);y2=ff(a2);
while abs(b - a)>=1e - 5
    if y1>=y2
        a=a1;a1=a2;y1=y2;
        a2=a + lambda * (b - a);y2=ff(a2);
    else
        b=a2;a2=a1;y2=y1;
        a1=b - lambda * (b - a);y1=ff(a1);
    end
    alpha=(a + b)/2;
end
y= - ff(alpha) * 180/pi;
alpha=alpha * 180/pi;

%3. 输出计算结果
disp('          计算结果          ');
disp('-----------------------------------------------');
fprintf('    凸轮最大压力角     αmax=%6.4f° \ n',y);
fprintf('    对应的凸轮转角     φmax=%6.4f° \ n',alpha);
```

2. 区间搜索子函数 search 文件

```
****************************************************************
function[a,b]=search(h0)
%search 为外推法确定搜索区间函数
%h0 为初始试探步长
%[a,b]为搜索区间

%1. 第一次搜索
a1=0;y1=ff(a1);
h=h0;
a2=h;y2=ff(a2);
ify2>y1 %反向搜索
        h=-h;
        a3=a1;y3=y1;
        a1=a2;y1=y2;
        a2=a3;y2=y3;
end
a3=a2+h;y3=ff(a3);

%2. 继续搜索
while y3<y2
        h=2*h;
        a1=a2;y1=y2;
        a2=a3;y2=y3;
        a3=a2+h;y3=ff(a3);
end

%3. 确定搜索区间
if h>0
        a=a1;b=a3;
else
        a=a3;b=a1;
end
```

3. 目标函数 ff 文件

```
****************************************************************
function f=ff(x)
phi=x;
ra=40;                            %凸轮基圆半径
e=0;                              %偏距
h=20;                             %行程
phi0=pi/2;                        %推程运动角
s=h/2*(1-cos(pi*phi/phi0));       %推杆位移
```

```
ds＝pi＊h/(2＊phi0)＊sin(pi＊phi/phi0);
f＝﹣atan((ds﹣e)/(s＋sqrt(ra＊ra＋e＊e)));
```

四、运算结果

取搜索精度 $\varepsilon = 10^{-5}$，经过计算得最优解为：凸轮最大压力角 $\alpha_{max} = 22.2077°$，对应的凸轮转角 $\varphi = 39.2315°$。

习　　题

7-1　设计一个能再现对数函数 $y = \lg x$（$1 \leqslant x \leqslant 10$）的平面铰链四杆机构，并要求对给定函数的平均偏差具有最小值。

7-2　要求平面铰链四杆机构的原动件和从动件之间实现五对对应角位移关系如下表所示：

位 置 序 号	1	2	3	4	5
原动件转角 φ，顺时针方向	0°	30°	60°	90°	120°
从动件转角 ψ，顺时针方向	0°	17°	36°	59°	88°

试设计该机构并使其误差最小。

7-3　试设计一曲柄摇杆机构，要求当曲柄整周转动时，连杆上的某一 M 点实现给定的运动规律，如下表所示：

序号	1	2	3	4	5	6	7	8
x_i	26	23	20	17	13	10	20	30
y_i	16	17	17	16	15	11	6	12
$\Delta\theta_i$	0	22	44	66	88	129	221	314

机构的许用传动角是 $[\gamma] = 30°$。试确定该曲柄摇杆机构的运动学尺寸，使 M 点的实际运动轨迹与给定运动轨迹之间的偏差尽可能小。

本章主要介绍在机械系统设计和分析中，如何借助于 MATLAB 进行机构分析。MATLAB 在机构分析中的应用，主要分为运动学分析和动力学分析两大类，本章通过四个机构实例介绍了 MATLAB 在机构分析中的应用。

第一节 插床导杆机构运动学和动力学分析

插床是机械工业生产中常见的设备，其主要机构中包括实现刀具切削运动的导杆机构，如图 8-1 所示。本节首先对导杆机构进行运动学分析和动力学分析，然后借助 MATLAB/SIMULINK 软件对导杆机构进行了运动学和动力学仿真计算。经过求解，可以获得速度、加速度及运动副反力曲线图，还可以从仿真图中观察导杆机构的运动情况。

一、运动分析

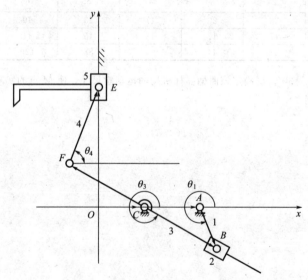

图 8-1　插床机构中的导杆机构

1. 位置分析

建立如图 8-1 所示的直角坐标系，将各构件视为杆矢量，这样机构各矢量就构成了两个封闭的矢量多边形，即 $ABCA$ 和 $OCFEO$，在这两个封闭的矢量多边形中，各矢量之和为零，封闭矢量方程为：

$$\vec{CA}+\vec{AB}=\vec{CB} \tag{8-1}$$

$$\vec{CO}+\vec{OE}=\vec{CF}+\vec{FE} \tag{8-2}$$

将方程式（8-1）和式（8-2）改写并表示为复数矢量形式：

$$l_{CA}\,e^{i0^\circ}+l_{AB}\,e^{i\theta_1}=s_{CB}\,e^{i\theta_3} \tag{8-3}$$

$$s_{OE}\,e^{i190^\circ}=l_{OC}\,e^{i180^\circ}+l_{CF}\,e^{i(\theta_3+180^\circ)}+l_{FE}\,e^{i\theta_4} \tag{8-4}$$

将式（8-3）、式（8-4）两式的实部和虚部分离，得

$$\left.\begin{array}{l}l_{AC}+l_{AB}\cos\theta_1=s_{CB}\cos\theta_3\\ l_{AB}\sin\theta_1=s_{CB}\sin\theta_3\end{array}\right\} \tag{8-5}$$

$$\left.\begin{array}{l}-l_{CO}=-l_{CF}\cos\theta_3+l_{FE}\cos\theta_4\\ s_{OE}=-l_{CF}\sin\theta_3+l_{FE}\sin\theta_4\end{array}\right\} \tag{8-6}$$

由式（8-5）即可求得导杆的方向角 θ_3 和滑块在导杆上的位置 s_{CB}，将求得的方向角 θ_3 代入式（8-6）即可求连杆 4 的方向角 θ_4 和插刀的位置 s_{OE}。

2. 速度分析

将式（8-3）、式（8-4）两式对时间 t 求一次导数，并将复数方程的实部和虚部分开，写成矩阵形式，可得速度关系：

$$\begin{bmatrix}\sin\theta_3 & l_{CB}\sin\theta_3 & 0 & 0\\ \cos\theta_3 & -l_{CB}\cos\theta_3 & 0 & 0\\ 0 & -l_{CF}\cos\theta_3 & l_{FE}\sin\theta_4 & -1\\ 0 & l_{CF}\sin\theta_3 & -l_{FE}\cos\theta_4 & 0\end{bmatrix}\begin{bmatrix}v_{23}\\ \omega_3\\ \omega_4\\ v_5\end{bmatrix}=\begin{bmatrix}l_{AB}\cos\theta_1\\ -l_{AB}\sin\theta_1\\ 0\\ 0\end{bmatrix}\omega_1 \tag{8-7}$$

联解上式即可求得两个角速度 ω_3、ω_4，构件 5 的相对速度 v_5 和构件 2 的相对速度 v_{23}。

3. 加速度分析

将式（8-7）再对时间 t 求一次导数，可得加速度关系：

$$\boldsymbol{A}\begin{bmatrix}a_{23}\\ \alpha_3\\ \alpha_4\\ a_5\end{bmatrix}+\boldsymbol{A}\begin{bmatrix}v_{23}\\ \omega_3\\ \omega_4\\ v_5\end{bmatrix}=-w_1^2\begin{bmatrix}l_{AB}\sin\theta_1\\ -l_{AB}\cos\theta_1\\ 0\\ 0\end{bmatrix} \tag{8-8}$$

其中 $\boldsymbol{A}=\begin{bmatrix}\sin\theta_3 & l_{CB}\sin\theta_3 & 0 & 0\\ \cos\theta_3 & -l_{CB}\cos\theta_3 & 0 & 0\\ 0 & -l_{CF}\cos\theta_3 & l_{FE}\sin\theta_4 & -1\\ 0 & l_{CF}\sin\theta_3 & -l_{FE}\cos\theta_4 & 0\end{bmatrix}$

$$A = \begin{bmatrix} \omega_3\cos\theta_3 & v_2\cos\theta_3 - \omega_3 l_{CB}\sin\theta_3 & 0 & 0 \\ -\omega_3\sin\theta_3 & -v_2\sin\theta_3 - \omega_3 l_{CB}\cos\theta_3 & 0 & 0 \\ 0 & \omega_3 l_{CF}\sin\theta_3 & -\omega_4 l_{FE}\sin\theta_4 & 0 \\ 0 & \omega_3 l_{CF}\cos\theta_3 & -\omega_4 l_{FE}\cos\theta_4 & 0 \end{bmatrix}$$

由式（8-8）即可求得角加速度 α_3、α_4，构件 2 的相对加速度 a_{23} 和构件 5 的加速度 a_5。构件 3 质心 S_3 和构件 4 质心 S_4 的加速度可以用质心 x 方向加速度和 y 方向加速度表示，分别为：

$$a_{S3}^x = -l_{CS3}(\alpha_3\sin\theta_3 + \omega_3^2\cos\theta_3)$$

$$a_{S3}^y = l_{CS3}(\alpha_3\cos\theta_3 - \omega_3^2\sin\theta_3)$$

$$a_{S4}^x = l_3(\alpha_3\sin\theta_3 + \omega_3^2\cos\theta_3) - l_{FS4}(\alpha_4\sin\theta_4 + \omega_4^2\cos\theta_4)$$

$$a_{S4}^y = l_3(\alpha_3\cos\theta_3 - \omega_3^2\sin\theta_3) - l_{FS4}(\alpha_4\cos\theta_4 - \omega_4^2\sin\theta_4)$$

二、动态静力分析

根据所求得的相关构件加速度和角加速度可求出相关构件所受的惯性力及惯性力矩，分别为：

$$\left.\begin{aligned} F_{S3}^x &= -m_3 a_{S3}^x, \quad F_{S3}^y = -m_3 a_{S3}^y \\ F_{S4}^x &= -m_4 a_{S4}^x, \quad F_{S4}^y = -m_4 a_{S4}^y \\ F_5 &= F_{S5}^y = -m_5 a_5 \\ M_3 &= -J_3\alpha_3, \quad M_4 = -J_4\alpha_4 \end{aligned}\right\} \tag{8-9}$$

插床导杆机构各构件受力分析如图 8-2 所示，在进行力分析时，将各力分解为沿 x 和 y 坐标轴的两个分力，然后分别就各构件列出力平衡方程式，具体步骤如下：

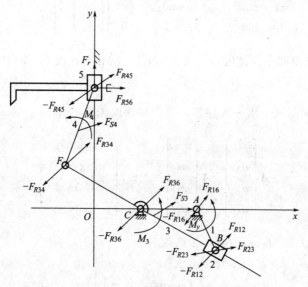

图 8-2　导杆机构受力分析

对于构件 1，根据 $\sum M_B = 0$，$\sum F_x = 0$ 及 $\sum F_y = 0$ 列出三个力平衡方程式，并将含待求的未知元素的项写在等号左边，故有

$$
\left.
\begin{array}{c}
-\left(y_B-y_A\right) F_{R16}^x-\left(x_A-x_B\right) F_{R16}^y+M_y=0 \\
-F_{R12}^x-F_{R16}^x=0 \\
-F_{R12}^y-F_{R16}^y=0
\end{array}
\right\} \tag{8-10}
$$

对于构件 2，根据 $\sum F_x=0$，$\sum F_y=0$ 和几何约束条件列出三个力平衡方程式

$$
\left.
\begin{array}{c}
F_{R12}^x-F_{R23}^x=0 \\
F_{R12}^y-F_{R23}^y=0 \\
F_{R23}^x+\tan\theta_3 F_{R23}^y=0
\end{array}
\right\} \tag{8-11}
$$

对于构件 3，根据 $\sum M_C=0$，$\sum F_x=0$ 和 $\sum F_y=0$ 列出三个力平衡方程式

$$
\left.
\begin{array}{c}
\left(y_C-y_B\right) F_{R23}^x+\left(x_B-x_C\right) F_{R23}^y-\left(y_C-y_F\right) F_{R34}^x-\left(x_F-x_C\right) F_{R34}^y=-\left(y_C-y_{S3}\right) F_{S3}^x-\left(x_{S3}-x_C\right) F_{S3}^y-M_3 \\
F_{R23}^x-F_{R34}^x-F_{R36}^x=-F_{S3}^x \\
F_{R23}^y-F_{R34}^y-F_{R36}^y=-F_{S3}^y
\end{array}
\right\} \tag{8-12}
$$

对于构件 4，根据 $\sum M_E=0$，$\sum F_x=0$ 和 $\sum F_y=0$ 列出三个力平衡方程式

$$
\left.
\begin{array}{c}
\left(y_E-y_F\right) F_{R34}^x+\left(x_F-x_E\right) F_{R34}^y=-\left(y_E-y_{S4}\right) F_{S4}^x-\left(x_{S4}-x_E\right) F_{S4}^y-M_4 \\
F_{R34}^x-F_{R45}^x=-F_{S4}^x \\
F_{RS4}^y-F_{R45}^y=-F_{S4}^y
\end{array}
\right\} \tag{8-13}
$$

对于构件 5，根据 $\sum F_x=0$ 和 $\sum F_y=0$ 列出两个力平衡方程式

$$
\left.
\begin{array}{c}
F_{R45}^x-F_{R56}^x=0 \\
F_{R45}^y=-F_5-F_r
\end{array}
\right\} \tag{8-14}
$$

以上共列出五个总方程式组，十四个分方程式，可解出上述各运动副中的反力和平衡力矩。为便于求解将以上方程组简化为下面的矩阵式：

$$
CF_R=D \tag{8-15}
$$

其中 $c=$

$$
\begin{bmatrix}
1 & y_A-y_B & x_B-x_A & 0 & 0 & 0 & 0 & 0 & 0 & 0 & 0 & 0 & 0 & 0 \\
0 & -1 & 0 & -1 & 0 & 0 & 0 & 0 & 0 & 0 & 0 & 0 & 0 & 0 \\
0 & 0 & -1 & 0 & -1 & 0 & 0 & 0 & 0 & 0 & 0 & 0 & 0 & 0 \\
0 & 0 & 0 & 1 & 0 & -1 & 0 & 0 & 0 & 0 & 0 & 0 & 0 & 0 \\
0 & 0 & 0 & 0 & 1 & 0 & -1 & 0 & 0 & 0 & 0 & 0 & 0 & 0 \\
0 & 0 & 0 & 0 & 0 & 1 & \tan\theta_1 & 0 & 0 & 0 & 0 & 0 & 0 & 0 \\
0 & 0 & 0 & 0 & 0 & y_C-y_B & x_B-x_C & y_F-y_C & x_C-x_F & 0 & 0 & 0 & 0 & 0 \\
0 & 0 & 0 & 0 & 0 & 1 & 0 & -1 & 0 & -1 & 0 & 0 & 0 & 0 \\
0 & 0 & 0 & 0 & 0 & 0 & 1 & 0 & -1 & 0 & -1 & 0 & 0 & 0 \\
0 & 0 & 0 & 0 & 0 & 0 & 0 & y_E-y_F & x_F-x_E & 0 & 0 & 0 & 0 & 0 \\
0 & 0 & 0 & 0 & 0 & 0 & 0 & 1 & 0 & 0 & 0 & -1 & 0 & 0 \\
0 & 0 & 0 & 0 & 0 & 0 & 0 & 0 & 1 & 0 & 0 & 0 & -1 & 0 \\
0 & 0 & 0 & 0 & 0 & 0 & 0 & 0 & 0 & 1 & 0 & -1 & 0 & 0 \\
0 & 0 & 0 & 0 & 0 & 0 & 0 & 0 & 0 & 0 & 1 & 0 & 0 & 0
\end{bmatrix}
$$

$$
F_R = \begin{bmatrix} M_y \\ F_{R16}^x \\ F_{R16}^y \\ F_{R12}^x \\ F_{R12}^y \\ F_{R23}^x \\ F_{R23}^y \\ F_{R34}^x \\ F_{R34}^y \\ F_{R36}^x \\ F_{R36}^y \\ F_{R45}^x \\ F_{R45}^y \\ F_{R56}^x \end{bmatrix}, \quad
D = \begin{bmatrix} 0 \\ 0 \\ 0 \\ 0 \\ 0 \\ -\left(y_C - y_{S3}\right) F_{S3}^x - \left(x_{S3} - x_C\right) F_{S3}^y - M_3 \\ -F_{S3}^x \\ -F_{S3}^y \\ -\left(y_E - y_{S4}\right) F_{S4}^x - \left(x_{S4} - x_E\right) F_{S4}^y - M_4 \\ -F_{S4}^x \\ -F_{S4}^y \\ 0 \\ -F_5 - F_r \end{bmatrix}
$$

三、SIMULINK 仿真模型的建立及程序设计

在 SIMULINK 环境下建立的插床导杆机构仿真模型 Leader _ Sim. mdl，如图 8-3 所示，在图中各个功能模块均进行了注释，在各个数据线上表明了相应的参数。该仿真模型主要由 2 个 MATLAB 函数模块、9 个积分模块以及输入和输出模块等组成，该模型的功能就是实现插床导杆机构的运动学和动力学分析与仿真计算。

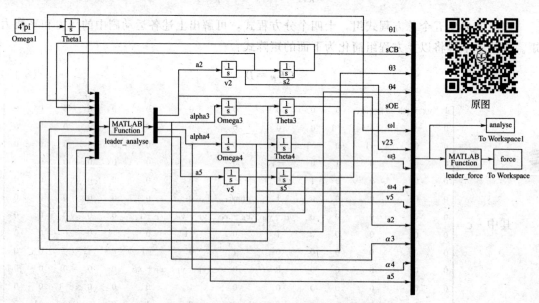

图 8-3　SIMULINK 仿真模型

为求解加速度方程（8-8）需要一个建立一个 MATLAB 的函数文件 leader _ analyse. m，该函数需的输入参数是各个构件的位移和速度，输出参数是各个构件的加速度；为求解动态

静力方程式（8-15）需要一个建立另一个 MATLAB 的函数文件 leader _ force. m，该函数的输入参数是运动分析中得到的各个构件的位移、速度和加速度，输出参数是各个运动副中的反力和平衡力矩。

利用 SIMULINK 中积分模块，可以从得到的加速度中计算出各个构件的速度和位移，实现这一过程需要 8 个积分模块；而输出模块 Simout 则可以将计算的结果输出到 MATLAB 的工作空间，以备进一步使用，在这里使用了 2 个 Simout 模块，analyse 用来输出运动参数，force 用来输出力参数。

1. 运动分析函数 leader _ analyse 文件

```
* * * * * * * * * * * * * * * * * * * * * * * * * * * * * * * * * * * * * * * * *
function[alpha]=leader _ analyse(u)

%1. 输入已知参数
l1=0. 220;l7=0. 350;l4=0. 400;l3=0. 500;l6=0. 300;
hd=pi/180;du=180/pi;

%2. 计算参数变换
theta1=u(1);omega1=u(2);s2=u(3);v2=u(4);theta3=u(5);
omega3=u(6);theta4=u(7);omega4=u(8);s5=u(9);v5=u(10);

%3. 求解加速度方程
A=[sin(theta3),   s2 * cos(theta3),   0,   0;
cos(theta3),   -s2 * sin(theta3),   0,   0;
     0,-13 * cos(theta3),   14 * cos(theta4),   -1;
     0,  l3 * sin(theta3),   -l4 * sin(theta4),   0];
At=[omega3 * cos(theta3),   v2 * cos(theta3)-s2 * omega3 * sin(theta3),   0,   0;
     -omega3 * sin(theta3),   -v2 * sin(theta3)-s2 * omega3 * cos(theta3),   0,   0;
     0,   omega3 * l3 * sin(theta3),   -omega4 * l4 * sin(theta4),   0;
     0,   omega3 * l3 * cos(theta3),   -omega4 * l4 * cos(theta4),   0];
Bt=[-l1 * sin(theta1);-l1 * cos(theta1);0;0];
omega=[v2;omega3;omega4;v5];
alpha=A\ (-At * omega+omega1 * omega1 * Bt);
```

2. 力分析函数 leader _ force 文件

```
* * * * * * * * * * * * * * * * * * * * * * * * * * * * * * * * * * * * * * * * *
function[FR]=leader _ force(u)
%1. 输入已知参数
l1=0. 220;l7=0. 350;l4=0. 400;l3=0. 500;l6=0. 300;lS3=0. 10;lS4=0. 300;
m3=20;m4=15;m5=62;J3=0. 11;J4=0. 18;
Fr=8010;

%2. 计算参数变换
theta1=u(1);s2=u(2);theta3=u(3);theta4=u(4);s5=u(5);
omega1=u(6);v2=u(7);omega3=u(8);omega4=u(9);v5=u(10);
```

```
a2＝u(11);alpha3＝u(12);alpha4＝u(13);a5＝u(14);
```

%3. 求解动态静力方程

%----------计算各铰链点坐标和各质心点坐标----------

```
xA＝l6＋l7;yA＝0;
xB＝l6＋s2 * cos(theta3);yB＝s2 * sin(theta3);
xC＝l6;yC＝0;
xF＝l6-l3 * cos(theta3);yF＝-l3 * sin(theta3);
xE＝0;yE＝s5;
xS3＝l6＋lS3 * cos(theta3);yS3＝lS3 * sin(theta3);
xS4＝xF＋lS4 * cos(theta4);yS4＝yF＋lS4 * sin(theta4);
```

%------------计算质心速度---------------

```
aS3x＝-lS3 * (alpha3 * sin(theta3)＋omega3 * omega3 * cos(theta3));
aS3y＝lS3 * (alpha3 * cos(theta3)-omega3 * omega3 * sin(theta3));
aS4x＝l3 * (alpha3 * sin(theta3)＋omega3 * omega3 * cos(theta3))-lS4 * (alpha4 * sin(theta4)
    ＋omega4 * omega4 * cos(theta4));
aS4y＝l3 * (alpha3 * cos(theta3)-omega3 * omega3 * sin(theta3))＋lS4 * (alpha4 * cos(theta4)
    -omega4 * omega4 * sin(theta4));
```

%-------------计算惯性力及惯性力矩----------

```
FS3x＝-m3 * aS3x;FS3y＝-m3 * aS3y;
FS4x＝-m4 * aS4x;FS4y＝-m4 * aS4y;
F5＝-m5 * a5;
M3＝-J3 * alpha3;M4＝-J4 * alpha4;
```

%未知力系数矩阵

```
xya＝zeros(14);
xya(1,1)＝1;xya(1,2)＝yA-yB;xya(1,3)＝xB-xA;
xya(2,2)＝-1;xya(2,4)＝-1;
xya(3,3)＝-1;xya(3,5)＝-1;
xya(4,4)＝1;xya(4,6)＝-1;
xya(5,5)＝1;xya(5,7)＝-1;
xya(6,6)＝1;xya(6,7)＝tan(theta3);
xya(7,6)＝yC-yB;xya(7,7)＝xB-xC;xya(7,8)＝yF-yC;xya(7,9)＝xC-xF;
xya(8,6)＝1;xya(8,8)＝-1;xya(8,10)＝-1;
xya(9,7)＝1;xya(9,9)＝-1;xya(9,11)＝-1;
xya(10,8)＝yE-yF;xya(10,9)＝xF-xE;
xya(11,8)＝1;xya(11,12)＝-1;
xya(12,9)＝1;xya(12,13)＝-1;
xya(13,12)＝1;xya(13,14)＝-1;
xya(14,13)＝1;
```

%已知力列阵

```
xyb＝[0;0;0;0;0;0;-(yC-yS3) * FS3x-(xS3-xC) * FS3y-M3;-FS3x;-FS3y;
    -(yE-yS4) * FS4x-(xS4-xE) * FS4y-M4;-FS4x;-FS4y;0;-F5-Fr];
```

%求未知力列阵

```
FR＝xya \ xyb;
```

3. 仿真结果输出曲线程序 Sim_result 文件

* *

```
%1. 输出运动分析仿真曲线
figure(3);
du=180/pi;
%-------从工作空间的 analyse 变量中读取计算结果值------
theta1=analyse(:,1);theta3=analyse(:,3);theta4=analyse(:,4);
lBC=analyse(:,2);lOE=analyse(:,5);
omega3=analyse(:,8);omega4=analyse(:,9);V5=analyse(:,10);
alpha3=analyse(:,12);alpha4=analyse(:,13);a5=analyse(:,14);
number=length(tout);

subplot(2,2,1);%绘杆3,4的角位移 滑块5的位移曲线图
tout=720*tout;
plot(tout,theta4*du,'-k');hold on;grid on;
[AX,H1,H2]=plotyy(tout,theta3*du,tout,lOE,'plot');set(AX(1),'XColor','k','YColor','k');
HH1=get(AX(1),'Ylabel');set(HH1,'String','角位移∧circ');
HH2=get(AX(2),'Ylabel');set(HH2,'String','位移/m');
text(120,47,'θ_3');text(325,70,'θ_4');text(110,-32,'s_O_E');
title('杆3,4的角位移 滑块5的位移曲线图');xlabel('曲柄转角 θ_1∧circ');

subplot(2,2,2);%绘杆3,4的角速度 滑块5的速度曲线图
plot(tout,omega4,'k');hold on;grid on;
[AX,H1,H2]=plotyy(tout,omega3,tout,V5,'plot');set(AX(1),'XColor','k','YColor','k');
HH1=get(AX(1),'Ylabel');set(HH1,'String','角速度/rad\cdots^{-1}');
HH2=get(AX(2),'Ylabel');set(HH2,'String','速度/m\cdots^{-1}');
text(60,6,'ω3');text(217,5,'ω4');text(320,-23,'v5');
title('杆3,4的角速度 滑块5的速度曲线图');xlabel('曲柄转角 θ_1∧circ');

subplot(2,2,3);%绘杆3,4的角加速度,滑块5的加速度曲线图
plot(tout,alpha4,'k');hold on;grid on;
[AX,H1,H2]=plotyy(tout,alpha3,tout,a5,'plot');set(AX(1),'XColor','k','YColor','k');
HH1=get(AX(1),'Ylabel');set(HH1,'String','角加速度/rad\cdots^{-2}');
HH2=get(AX(2),'Ylabel');set(HH2,'String','加速度/m∧cdots^{-2}');
text(140,75,'α4');text(70,300,'a5');text(220,300,'α3');
title('杆3,4的角加速度 滑块5的加速度曲线图');xlabel('曲柄转角 θ_1∧circ');

subplot(2,2,4)%绘制插床导杆机构
lAB=0.220;lAC=0.350;lCD=0.900;lFE=0.400;lCF=0.500;lOC=0.300;
n=45;
%--------点17-22表示滑块------------------
```

```
x(17)=(lBC(n)-0.068)*cos(theta3(n));y(17)=(lBC(n)-0.068)*sin(theta3(n));
x(18)=x(17)-0.034*sin(theta3(n));y(18)=y(17)+0.034*cos(theta3(n));
x(19)=x(18)+0.106*cos(theta3(n));y(19)=y(18)+0.106*sin(theta3(n));
x(20)=x(19)+0.068*sin(theta3(n));y(20)=y(19)-0.068*cos(theta3(n));
x(21)=x(20)-0.106*cos(theta3(n));y(21)=y(20)-0.106*sin(theta3(n));
x(22)=x(17);y(22)=y(17);%
%--------点 1-16 表示导杆机构------------------
x(1)=0;y(1)=0;
x(2)=x(17);y(2)=y(17);
x(2)=(lBC(n)-0.068)*cos(theta3(n));y(2)=(lBC(n)-0.068)*sin(theta3(n));
x(3)=(x(19)+x(20))/2;y(3)=(y(19)+y(20))/2;
x(4)=lCD*cos(theta3(n));y(4)=lCD*sin(theta3(n));
x(5)=0;y(5)=0;
x(6)=-lCF*cos(theta3(n));y(6)=-lCF*sin(theta3(n));
x(7)=-0.300;y(7)=lOE(n);
x(8)=x(7)-0.035;y(8)=y(7)+0.030;
x(9)=x(7)-0.035;y(9)=y(7)-0.030;
x(10)=x(7)+0.035;y(10)=y(7)-0.030;
x(11)=x(7)+0.035;y(11)=y(7)+0.030;
x(12)=x(7)-0.035;y(12)=y(7)+0.030;
x(15)=lAC;y(15)=0;
x(16)=lAC+lAB*cos(theta1(n));y(16)=lAB*sin(theta1(n));
%--------点 23-28 表示插刀------------------
x(23)=x(9);y(23)=y(7)+0.01;
x(24)=x(23)-0.2;y(24)=y(23);
x(25)=x(24);y(25)=y(24)-0.1;
x(26)=x(25)+0.02;y(26)=y(25)+0.05;
x(27)=x(26);y(27)=y(7)-0.01;
x(28)=x(23);y(28)=y(27);
%--------绘制导杆机构图------------------
i=1:2;plot(x(i),y(i));hold on;
i=3:4;plot(x(i),y(i));hold on;
i=5:7;plot(x(i),y(i));hold on;
i=8:12;plot(x(i),y(i));hold on;
i=15:16;plot(x(i),y(i));hold on;
i=17:22;plot(x(i),y(i));hold on;
i=23:28;plot(x(i),y(i));hold on;
plot(x(1),y(1),'o');plot(x(6),y(6),'o');plot(x(7),y(7),'o');
plot(x(15),y(15),'o');plot(x(16),y(16),'o');
title('插床导杆机构运动仿真');
xlabel('m');ylabel('m');axis([-0.80,1.0,-0.50,0.80]);
grid on;hold on;


%2. 输出力分析仿真曲线
```

```
figure(4);
```

%-------从工作空间的 force 变量中读取计算结果值------
```
FR36x=force(:,10);FR36y=force(:,11);FR45x=force(:,12);FR45y=force(:,13);
FR56=force(:,14);My=force(:,1);

subplot(2,2,1);%绘运动副反力 FR36 曲线图
plot(tout,FR36x,'b');hold on;grid on;
plot(tout,FR36y,'r');
legend('FR36x','FR36y')
title('运动副反力 FR36 曲线图');
xlabel('曲柄转角 θ_1/\circ');ylabel('F/N');

subplot(2,2,2);%绘运动副反力 FR45 曲线图
plot(tout,FR45x,'b');grid on;hold on;
plot(tout,FR45y,'r');
legend('FR45x','FR45y');
title('运动副反力 FR45 曲线图');
xlabel('曲柄转角 θ_1/\circ');ylabel('F/N');

subplot(2,2,3);%绘运动副反力 FR56 曲线图
plot(tout,FR56,'b');hold on;grid on;
title('运动副反力 FR56 曲线图');
xlabel('曲柄转角 θ_1/\circ');ylabel('F/N');

subplot(2,2,4);%绘平衡力偶矩 My 曲线图
plot(tout,My);grid on;hold on;
title('平衡力偶矩 My 曲线图');
xlabel('曲柄转角 θ_1/\circ');ylabel('M/N. m')
```

4. 机构运动仿真程序 Leadersimulation 文件
```
* * * * * * * * * * * * * * * * * * * * * * * * * * * * * * * * * * * * * * * * * * * * *
```
%1. 输入已知参数
```
lAB=0.220;lAC=0.350;lCD=0.700;lFE=0.400;lCF=0.500;lOC=0.300;
```

%2. 从工作空间的 analyse 变量中读取计算结果值
```
theta1=analyse(:,1);theta3=analyse(:,3);lBC=analyse(:,2);lOE=analyse(:,5);
number=length(tout);
```

%3. 插床导杆机构运动仿真
```
figure(2)
m=moviein(30);
j=0;
for   n=1:number
    j=j+1;clf;
```

```
axis  equal;hold  on;
%--------滑块用点 17-22 表示------------------
x(17)=(lBC(n)-0.068)*cos(theta3(n));y(17)=(lBC(n)-0.068)*sin(theta3(n));
x(18)=x(17)-0.034*sin(theta3(n));y(18)=y(17)+0.034*cos(theta3(n));
x(19)=x(18)+0.106*cos(theta3(n));y(19)=y(18)+0.106*sin(theta3(n));
x(20)=x(19)+0.068*sin(theta3(n));y(20)=y(19)-0.068*cos(theta3(n));
x(21)=x(20)-0.106*cos(theta3(n));y(21)=y(20)-0.106*sin(theta3(n));
x(22)=x(17);y(22)=y(17);
%--------导杆机构用点 1-16 表示------------------
x(1)=0;y(1)=0;
x(2)=x(17);y(2)=y(17);
x(2)=(lBC(n)-0.068)*cos(theta3(n));y(2)=(lBC(n)-0.068)*sin(theta3(n));
x(3)=(x(19)+x(20))/2;y(3)=(y(19)+y(20))/2;
x(4)=lCD*cos(theta3(n));y(4)=lCD*sin(theta3(n));
x(5)=0;y(5)=0;
x(6)=-lCF*cos(theta3(n));y(6)=-lCF*sin(theta3(n));
x(7)=-0.300;y(7)=lOE(n);
x(8)=x(7)-0.035;y(8)=y(7)+0.030;
x(9)=x(7)-0.035;y(9)=y(7)-0.030;
x(10)=x(7)+0.035;y(10)=y(7)-0.030;
x(11)=x(7)+0.035;y(11)=y(7)+0.030;
x(12)=x(7)-0.035;y(12)=y(7)+0.030;
x(15)=lAC;y(15)=0;
x(16)=lAC+lAB*cos(theta1(n));y(16)=lAB*sin(theta1(n));
%--------插刀用点 23-28 表示------------------
x(23)=x(9);y(23)=y(7)+0.01;
x(24)=x(23)-0.2;y(24)=y(23);
x(25)=x(24);y(25)=y(24)-0.1;
x(26)=x(25)+0.02;y(26)=y(25)+0.05;
x(27)=x(26);y(27)=y(7)-0.01;
x(28)=x(23);y(28)=y(27);


%--------绘制导杆机构图------------------
i=1:2;plot(x(i),y(i));hold  on;
i=3:4;plot(x(i),y(i));hold  on;
i=5:7;plot(x(i),y(i));hold  on;
i=8:12;plot(x(i),y(i));hold  on;
i=15:16;plot(x(i),y(i));hold  on;
i=17:22;plot(x(i),y(i));hold  on;
i=23:28;plot(x(i),y(i));hold  on;
plot(x(1),y(1),'o');plot(x(6),y(6),'o');plot(x(7),y(7),'o');
plot(x(15),y(15),'o');plot(x(16),y(16),'o');
title('插床导杆机构运动仿真');
xlabel('m');ylabel('m');axis([-0.80,0.80,-0.50,0.80]);
```

```
        grid   on;hold   on;
        m(j)=getframe;
    end
    movie(m)
```

四、SIMULINK 仿真结果

在进行插床导杆机构的仿真过程中，必须确保所建立的初始条件的相容性。对加速度仿真，除了位移的相容性要求外，初始速度也必须是相容的。如果曲柄的初始位置和初始转速已知，那么其他的 4 个位移和 4 个速度，也就可以通过位移方程式（8-5）和式（8-6）及速度方程式（8-7）求出，曲柄以 120r/min 匀速工作，曲柄水平位置时为初始位置，表 8-1 给出了计算出的各个参数的初始值。

表 8-1　仿真时各个参数的初始值

积分器	初始值	积分器	初始值
θ_1/rad	0	$\omega_1/\mathrm{rad\cdot s^{-1}}$	4π
s_{CB}/m	0.57	$v_{23}/\mathrm{m\cdot s^{-1}}$	0
θ_3/rad	0	$\omega_3/\mathrm{rad\cdot s^{-1}}$	4.8502
θ_4/rad	1.0472	$\omega_4/\mathrm{rad\cdot s^{-1}}$	0
s_{OE}/m	0.3464	$v_5/\mathrm{m\cdot s^{-1}}$	-2.4251

经过仿真计算，SIMULINK 将计算结果存放在工作空间的 analyse 和 force 变量中，利用 MATLAB 中的 plot 等有关的绘图命令并编写的输出曲线程序 Sim_result.m，就可以得到图 8-4 和图 8-5 的运动仿真曲线和运动副中反力及平衡力矩曲线。

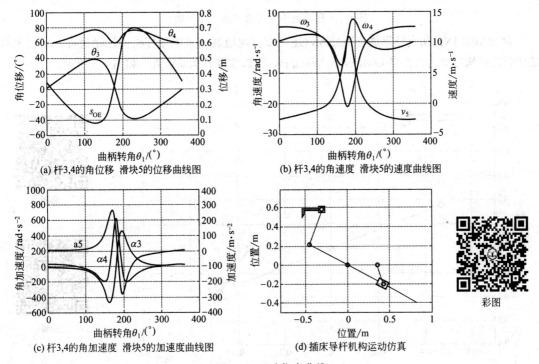

(a) 杆3,4的角位移　滑块5的位移曲线图　　(b) 杆3,4的角速度　滑块5的速度曲线图

(c) 杆3,4的角加速度　滑块5的加速度曲线图　　(d) 插床导杆机构运动仿真

彩图

图 8-4　运动仿真曲线

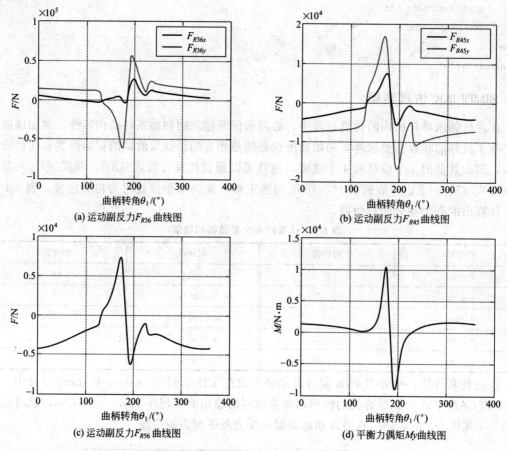

图 8-5　运动副中反力及平衡力矩曲线

对 SIMULINK 仿真结果进行再处理，还可以直观地展示插床导杆机构运动过程，通过编写插床导杆机构运动仿真程序 Leadersimulation.m，可以实现其运动仿真，如图 8-6 所示。

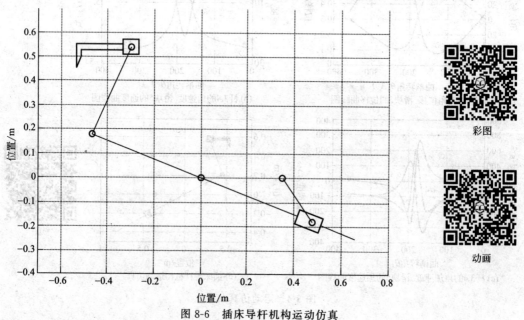

图 8-6　插床导杆机构运动仿真

第二节　四自由度工业机械手位姿分析

工业机械手位姿分析是机器人运动学分析的基础，工业机械手末端执行器的位姿分析有两类基本问题：一类是位姿方程的正解，即已知各关节的运动参数，求末端执行器的位姿；另一类是位姿方程的逆解，即已知末端执行器的位姿，求各关节的运动参数。本节以 4R 型四自由度串联工业机械手为研究对象，建立其运动学位姿分析数学模型，进行位姿正解和逆解分析。

一、数学模型的建立

1. 位姿正解分析

已知各关节转角 θ_1、θ_2、θ_3、θ_4，以及各杆长 l_1、l_2、l_3、l_4，求末端 D 点位置。建立如图 8-7 所示坐标系，两杆间的位姿矩阵可以用齐次坐标矩阵来表示：

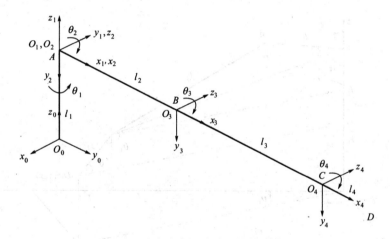

图 8-7　四自由度运动学正解数学模型

$$M_{01} = \begin{bmatrix} \cos(\theta_1 + \frac{\pi}{2}) & \sin(\theta_1 + \frac{\pi}{2}) & 0 & 0 \\ -\sin(\theta_1 + \frac{\pi}{2}) & \cos(\theta_1 + \frac{\pi}{2}) & 0 & 0 \\ 0 & 0 & 1 & l_1 \\ 0 & 0 & 0 & 1 \end{bmatrix} \tag{8-16}$$

$$M_{12} = \begin{bmatrix} 1 & 0 & 0 & 0 \\ 0 & \cos\frac{\pi}{2} & \sin\frac{\pi}{2} & 0 \\ 0 & \sin\frac{\pi}{2} & \cos\frac{\pi}{2} & 0 \\ 0 & 0 & 0 & 1 \end{bmatrix} \begin{bmatrix} \cos\theta_2 & -\sin\theta_2 & 0 & 0 \\ \sin\theta_2 & \cos\theta_2 & 0 & 0 \\ 0 & 0 & 1 & 0 \\ 0 & 0 & 0 & 1 \end{bmatrix} \tag{8-17}$$

$$M_{23} = \begin{bmatrix} \cos\theta_3 & \sin\theta_3 & 0 & 0 \\ -\sin\theta_3 & \cos\theta_3 & 0 & 0 \\ 0 & 0 & 1 & 0 \\ 0 & 0 & 0 & 1 \end{bmatrix} \tag{8-18}$$

$$M_{34} = \begin{bmatrix} \cos\theta_4 & \sin\theta_4 & 0 & 0 \\ -\sin\theta_4 & \cos\theta_4 & 0 & 0 \\ 0 & 0 & 1 & 0 \\ 0 & 0 & 0 & 1 \end{bmatrix} \tag{8-19}$$

机械手关节中末端执行机构相对于基座坐标系即 $O_0 x_0 y_0 z_0$ 的位置可以表示为：

$$\begin{bmatrix} x \\ y_p \\ z_p \\ 1 \end{bmatrix} = M_{01} M_{12} M_{23} M_{34} \begin{bmatrix} l_4 \\ 0 \\ 0 \\ 1 \end{bmatrix} \tag{8-20}$$

2. 位姿逆解分析

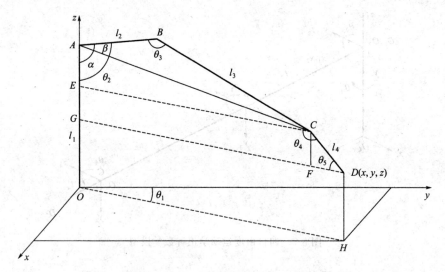

图 8-8　四自由度逆解运算数学模型

图 8-8 所示 CD 为机械手执行机构，D 点和夹角 θ_5 可以确定执行机构 CD 的位姿，已知 D 点的坐标，θ_5 的大小，以及 l_1、l_2、l_3、l_4 的尺寸，可以计算出 θ_1、θ_2、θ_3、θ_4 的表达式。具体计算过程如下：

（1）θ_1 的求解。直接通过 D 点的坐标计算得出：

$$\theta_1 = \arctan \frac{x}{y} \tag{8-21}$$

（2）θ_2 的求解。在三角形 AEC 与三角形 ABC 中，先求出 α 与 β 的值，然后间接地求出 θ_2 的值。

在三角形 AEC 中

$$H_1 = EC = GD - FD = GD - l_4 \cos\theta_5 \tag{8-22}$$

式中

$$GD = \sqrt{x^2 + y^2}$$

$$AE=AO-EO=l_1-(z+l_4\sin\theta_5) \tag{8-23}$$

$$\alpha=\arctan\frac{H_1}{AE} \tag{8-24}$$

在三角形 ABC 中

$$H_2=\sqrt{H_{11}^2+AE^2} \tag{8-25}$$

$$\beta=\arccos\frac{l_2^2+H_2^2-l_3^2}{2l_2H_2} \tag{8-26}$$

$$\theta_2=\alpha+\beta \tag{8-27}$$

(3) θ_3 的求解。在三角形 ABC 中，利用三角形的余弦公式直接可以求出 θ_3 的值

$$\theta_3=\arccos\frac{l_2^2+l_3^2-H_2^2}{2l_2l_3} \tag{8-28}$$

(4) θ_4 的求解。θ_4 可以放在四边形 $ABCE$ 中求解，分成两个部分 $\angle BCE$ 和 $\angle ECD$

$$\theta_4=\angle BCE+\angle ECD=\left(\frac{3}{2}\pi-\theta_2-\theta_3\right)+(\pi-\theta_5)$$

$$=\frac{5}{2}\pi-\theta_2-\theta_3-\theta_5 \tag{8-29}$$

二、应用实例

让机械手的末端执行器，沿半径为 10cm 圆轨迹运行，末端执行器始终与圆轨迹所在平面垂直，即：$x_p=10\cos\varphi$，$y_p=30+\sin\varphi$，$z_p=0$，$\theta_5=90°$，试确定其运动参数 θ_1、θ_2、θ_3、θ_4 的变化规律，并以此为基础进行机械手机构运动仿真。

三、程序设计

1. 机械手位姿分析主程序 robot_main 文件

```
* * * * * * * * * * * * * * * * * * * * * * * * * * * * * * * * * * * * * * * * * *
clear;
%1. 基本参数
l1=10;l2=20;l3=25;l4=5;theta5=pi/2;
hd=pi/180;du=180/pi;

%2. 计算变换矩阵和各关节点的坐标值
for i=1:360
    xp(i)=10*cos(i*pi/180);yp(i)=30+10*sin(i*pi/180);zp(i)=0;
    %调用子函数求各关节转角
    theta=lehrobot1(xp(i),yp(i),zp(i),l1,l2,l3,l4,theta5);
    theta1(i)=theta(1);theta2(i)=theta(2);theta3(i)=theta(3);theta4(i)=theta(4);
    %计算变换矩阵
    M01=[cos(theta(1)+pi/2)-sin(theta(1)+pi/2)  0  0;
        sin(theta(1)+pi/2)   cos(theta(1)+pi/2)  0  0;
            0  0  1  1];
            0  0  0  1];
```

```
M1=[ 1    0           0          0;
     0    cos(-90 * hd)  -sin(-90 * hd)  0;
     0    sin(-90 * hd)  cos(-90 * hd)   0;
     0    0           0          1];
M2=[cos(theta(2))  -sin(theta(2))  0  0;
    sin(theta(2))  cos(theta(2))   0  0;
    0    0    1    0;
    0    0    0    1];
M12=M1 * M2;

M23=[cos(theta(3))  -sin(theta(3))  0  l2;
     sin(theta(3))  cos(theta(3))   0  0;
     0    0    1    0;
     0    0    0    1];

M34=[cos(theta(4))  -sin(theta(4))  0  l3;
     sin(theta(4))  cos(theta(4))   0  0;
     0    0    1    0;
     0    0    0    1];
%    计算各关节点的坐标点(a、b、c、d、e)
x1(i)=0;y1(i)=0;z1(i)=0;
a=M01 * [0;0;0;1];x2(i)=a(1);y2(i)=a(2);z2(i)=a(3);
b=M01 * M12 * [0;0;0;1];x3(i)=b(1);y3(i)=b(2);z3(i)=b(3);
c=M01 * M12 * M23 * [0;0;0;1];x4(i)=c(1);y4(i)=c(2);z4(i)=c(3);
d=M01 * M12 * M23 * M34 * [0;0;0;1];x5(i)=d(1);y5(i)=d(2);z5(i)=d(3);
e=M01 * M12 * M23 * M34 * [l4;0;0;1];x6(i)=e(1);y6(i)=e(2);z6(i)=e(3);
end


%3. 绘制各关节转角变化曲线
figure(1);
i=1:360;
plot(i,theta1 * du,i,theta2 * du,i,theta3 * du,i,theta4 * du);axis([0  360  -100  150]);
legend('θ1','θ2','θ3','θ4');grid on;
title('各关节转角变化曲线图');
xlabel('转角 θ/\ circ');ylabel('转角 θ/\ circ');


%4. 机械手机构运动仿真
figure(2);
j=0;
for i=1:15:360
  j=j+1;clf;
  x(1)=x1(i);y(1)=y1(i);z(1)=z1(i);
  x(2)=x2(i);y(2)=y2(i);z(2)=z2(i);
  x(3)=x3(i);y(3)=y3(i);z(3)=z3(i);
  x(4)=x4(i);y(4)=y4(i);z(4)=z4(i);
  x(5)=x5(i);y(5)=y5(i);z(5)=z5(i);
```

```
        x(6)=x6(i);y(6)=y6(i);z(6)=z6(i);
        plot3(x,y,z);grid on;hold on;%在绘制机构位置图
        axis([-15 15 -2 42 0 20]);
        xlabel('x');ylabel('y');zlabel('z');
        plot3(xp,yp,zp);%在绘制轨迹圆图
        title('机械手机构运动仿真');
        xlabel('x/cm');ylabel('y/cm');zlabel('z/cm');
        m(j)=getframe;
    end
    movie(m);
```

2. 机械手位姿递解子函数 lehrobot1 文件

* *

```
function theta=lehrobot1(x,y,z,l1,l2,l3,l4,theta5)
rh=sqrt(x*x+y*y);
rh1=rh-l4*cos(theta5);
ae=l1-(z+l4*sin(theta5));
gama=atan(rh1/ae);
rh2=sqrt(rh1*rh1+ae*ae);
beta=acos((l2*l2+rh2*rh2-l3*l3)/(2*l2*rh2));
theta2=gama+beta;
theta3=acos((l2*l2+l3*l3-rh2*rh2)/(2*l2*l3));
theta4=5*pi/2-theta2-theta3-theta5;
theta1=atan(x/y);
theta1=-theta1;
theta2=-(theta2-pi/2);
theta3=pi-theta3;
theta4=pi-theta4;
theta=[theta1;theta2;theta3;theta4];
```

四、运行结果

运行主要程序 robot_main，可以得到各关节转角变化曲线图和机械手机构运动仿真图，如图 8-9 和图 8-10 所示。

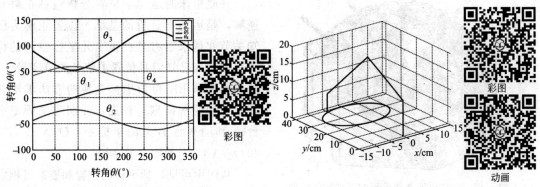

图 8-9　各关节转角变化曲线图　　　　　图 8-10　机械手机构运动仿真图

借助于本节建立的四自由度工业机械手的位姿正解和逆解数学模型，还可实现对搬运机械手的控制，图 8-11 展示了在自制的简易教学型数控加工系统中搬运机械手的工作过程。

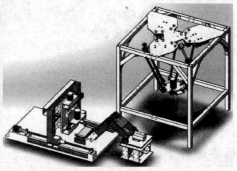

动画

图 8-11   搬运机械手在数控加工系统中的工作过程

第三节   并联机床运动学位置逆解分析

并联机床是逐渐兴起的一种新型制造装备，又称并联结构机床、虚拟轴机床等。许多并联机床是基于空间并联机构 Stewart 平台原理开发的，是并联机器人机构与机床结合的产物。本节以基于 Stewart 平台的六自由度并联机床为研究对象，建立其运动学位置分析逆解模型，并运用 MATLAB 对具体示例进行运动学位置分析求解。

一、并联机床三维实体模型的建立

图 8-12 所示为利用 UG 软件建立的六自由度并联机床的三维实体模型，该并联机床由伸缩杆、刀具、主轴和机架组成，机床上下平台均分为两层，六根可变长杆件通过万向铰链和球铰链与上下平台相连。机架固定在地面上，伸缩杆和机架之间使用万向铰链连接，与动平台使用球铰链连接，通过伺服电动机驱动六根伸缩杆，实现动平台在空间的移动和转动，从而得到动平台的不同位姿；主轴部件固定在动平台上，带动刀具旋转，实现对工件的切削加工要求。

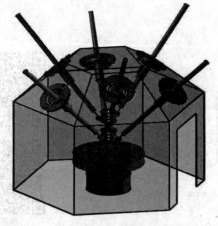

图 8-12   六自由度并联机床的三维实体模型

二、并联机床位置分析逆解模型

并联机床的运动学位置分析包括正解和逆解，是运动学分析的基础。位置正解为已知关节变量求解刀具在笛卡儿坐标空间的位置；逆解为已知刀具位置求解各关节变量。

本节采用欧拉角坐标变换的方法求解并联机床的逆解模型。首先，分别建立固定平台 A 和动平台 B 上的坐标系：$O\text{-}X_C Y_C Z_C$ 和 $O_2\text{-}XYZ$，如图 8-13 所示。

从图中可见，动平台的位置和姿态可用定平台的一个位置向量 $\boldsymbol{T} = [\,X_p \quad Y_p \quad Z_p\,]^T$ 和

一组欧拉角 α、β、γ 来表示。其中 α 为回转角，β 为俯仰角，γ 为偏转角。

将动平台坐标系转换到定平台坐标系，需要进行欧拉角转换。假定动平台先绕 X 坐标转动（α），然后绕 Y 坐标转动（β），最后绕 Z 坐标转动（γ），最终求出欧拉角转动矩阵 $\boldsymbol{R}_{\alpha\beta\gamma}$。为了便于利用计算机编程，这里采用齐次坐标的形式来建立坐标变换矩阵。即：

$$\boldsymbol{R}_{\alpha\beta\gamma} = \boldsymbol{R}_{\alpha}\boldsymbol{R}_{\beta}\boldsymbol{R}_{\gamma} \tag{8-30}$$

式中

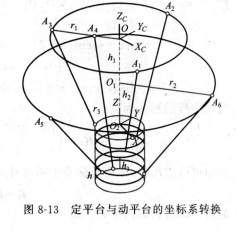

图 8-13 定平台与动平台的坐标系转换

$$\boldsymbol{R}_{\alpha} = \begin{pmatrix} 1 & 0 & 0 & X_p \\ 0 & \cos\alpha & -\sin\alpha & Y_p \\ 0 & \sin\alpha & \cos\alpha & Z_p \\ 0 & 0 & 0 & 1 \end{pmatrix}$$

$$\boldsymbol{R}_{\beta} = \begin{pmatrix} \cos\beta & 0 & \sin\beta & 0 \\ 0 & 1 & 0 & 0 \\ -\sin\beta & 0 & \cos\beta & 0 \\ 0 & 0 & 0 & 1 \end{pmatrix}$$

$$\boldsymbol{R}_{\gamma} = \begin{pmatrix} \cos\gamma & -\sin\gamma & 0 & 0 \\ \sin\gamma & \cos\gamma & 0 & 0 \\ 0 & 0 & 1 & 0 \\ 0 & 0 & 0 & 1 \end{pmatrix}$$

为了计算动平台铰链在定平台坐标系中的位置向量，需要进行坐标变换。已知并联机床的结构设计参数，其中上下定平台的半径 r_1 为 607.2mm，r_2 为 752.7mm，上下定平台的间距 h_1 为 153.5mm，动平台的半径 r_3 为 120mm，上下动平台的间距 h_3 为 130mm，下层定平台距离动平台的距离 h_2 为 359.1mm，动平台各环间间距 h 为 40mm。

定平台上各铰链点的绝对坐标为：

$$A_1(r_1\cos(\pi/6),\ -r_1\sin(\pi/6),\ 0)^{\mathrm{T}};$$
$$A_2(0,\ r_1,\ 0)^{\mathrm{T}};$$
$$A_3(-r_1\cos(\pi/6),\ -r_1\sin(\pi/6),\ 0)^{\mathrm{T}};$$
$$A_4(-r_2\cos(\pi/6),\ r_2\sin(\pi/6),\ -h_1)^{\mathrm{T}};$$
$$A_5(0,\ -r_2,\ -h_1)^{\mathrm{T}};$$
$$A_6(r_2\cos(\pi/6),\ r_2\sin(\pi/6),\ -h_1)^{\mathrm{T}}。$$

写成矩阵的形式为：

$$\boldsymbol{A} = \begin{pmatrix} A_1 & A_2 & A_3 & A_4 & A_5 & A_6 \\ 1 & 1 & 1 & 1 & 1 & 1 \end{pmatrix}$$

动平台各铰链点的相对坐标为：

$$B_1(r_3\cos(\pi/6),\ -r_3\sin(\pi/6),\ -d)^{\mathrm{T}};$$

$$B_2(0, r_3, -d-h)^T;$$
$$B_3(-r_3\cos(\pi/6), -r_3\sin(\pi/6), -d-2h)^T;$$
$$B_4(-r_3\cos(\pi/6), r_3\sin(\pi/6), -h_3-3h-d)^T;$$
$$B_5(0, -r_3, -h_3-4h-d)^T;$$
$$B_6(r_3\cos(\pi/6), r_3\sin(\pi/6), -h_3-5h-d)^T。$$

写成矩阵的形式为：

$$B_0=\begin{pmatrix}B_1 & B_2 & B_3 & B_4 & B_5 & B_6\\1 & 1 & 1 & 1 & 1 & 1\end{pmatrix}$$

从而可以求出 B_0 在定坐标系中的绝对坐标 B，即：

$$B=R_{\alpha\beta\gamma}\times B_0 \tag{8-31}$$

最后求出杆长的向量 L，即：

$$L=B-A \tag{8-32}$$

三、实例应用及程序设计

通过前面的运动学分析，编程求得六根杆的杆长变化函数，可用于控制刀具的运动轨迹。在求得的函数中含有六个量 $(X_p、Y_p、Z_p、\alpha、\beta、\gamma)$，即动平台的位姿。下面结合示例，如图 8-14 所示，在楔形块斜面上走刀铣削一个长短半轴分别为 100 和 $200\sqrt{3}/3$ 的椭圆形，则动平台的位姿为

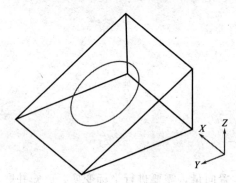

图 8-14　楔形块斜面上的加工轨迹

$$X_p=100\sin(2\pi t/5),$$
$$Y_p=100\cos(2\pi t/5),$$
$$Z_p=-1/\sqrt{3}\times100\cos(2\pi t/5)-h_1-h_2,$$
$$\alpha=-\pi/6,$$
$$\beta=\gamma=0。$$

代入求得的杆长公式（8-32）中，编程求得六根杆的杆长函数。

用 MATLAB 软件可以实现上述过程的求解，并得到杆长和动平台位姿的函数关系。其主要程序如下：

1. 求杆长变化表达式程序 Length _ formula 文件

```
* * * * * * * * * * * * * * * * * * * * * * * * * * * * * * * * * * * * * *
syms Xp Yp Zp alpha beta gama r1 r2 r3 h1 h2 h3 h d;
%已知位姿即三个线性坐标参量(Xp,Yp,Zp)和三个旋转坐标参量(alpha,beta,gama),求杆长变化表达式
%r1 为上层定平台的半径,r2 为下层定平台的半径;r3 为动平台所在圆的半径
%h1 为上下定平台间距,h2 为动定平台间距,h3 为上下动平台间距

%1. 求定平台上各铰链点的绝对坐标
x1=r1 * cos(pi/6);y1=-r1 * sin(pi/6);z1=0;
x2=0;y2=r1;z2=0;
```

```
x3=-r1 * cos(pi/6);y3=-r1 * sin(pi/6);z3=0;
x4=-r2 * cos(pi/6);y4=r2 * sin(pi/6);z4=-h1;
x5=0;y5=-r2;z5=-h1;
x6=r2 * cos(pi/6);y6=r2 * sin(pi/6);z6=-h1;
x=[x1,x2,x3,x4,x5,x6;
   y1,y2,y3,y4,y5,y6;
   z1,z2,z3,z4,z5,z6;
   1   1   1   1   1   1];
```

%2. 求动平台上各铰链点的相对坐标
```
x01=r3 * cos(pi/6);y01=-r3 * sin(pi/6);z01=-d;
x02=0;y02=r3;z02=-d-h;
x03=-r3 * cos(pi/6);y03=-r3 * sin(pi/6);z03=-d-2 * h;
x04=-r3 * cos(pi/6);y04=r3 * sin(pi/6);z04=-h3-3 * h-d;
x05=0;y05=-r3;z05=-h3-4 * h-d;
x06=r3 * cos(pi/6);y06=r3 * sin(pi/6);z06=-h3-5 * h-d;
X0=[x01,x02,x03,x04,x05,x06;
    y01,y02,y03,y04,y05,y06;
    z01,z02,z03,z04,z05,z06;
    1   1   1   1   1   1];
```

%3. 求转换矩阵 R,采用齐次坐标变换的方法
```
R=rotate(Xp,Yp,Zp,alpha,beta,gama);
```

%4. 求主轴各铰链点在定坐标系中的坐标
```
X=R * X0;
```

%5. 求杆长 L
```
s=x-X;
L=sqrt(sum(s.^2));
```

2. 求欧拉角变换矩阵子函数 rotate 文件
* *
```
function R=rotate(Xp,Yp,Zp,alpha,beta,gama)
%求欧拉角转动矩阵
Rx=[1   0   0   Xp;
    0   cos(alpha)   -sin(alpha)   Yp;
    0   sin(alpha)   cos(alpha)   Zp;
    0   0   0   1];
Ry=[cos(beta)   0   sin(beta)   0;
    0   1   0   0;
    -sin(beta)   0   cos(beta)   0;
    0   0   0   1];
Rz=[cos(gama)   -sin(gama)   0   0;
```

```
        sin(gama)    cos(gama)  0  0;
        0    0    1    0;
        0    0    0    1]);
R=Rx * Ry * Rz;
```

3. 杆长求解程序 Length _ Solve 文件

```
* * * * * * * * * * * * * * * * * * * * * * * * * * * * * * * * * * * * * * * * *
t＝0：0.01：5；
L1＝sqrt((1/2 * 602.7 * 3^(1/2)-1/2 * 120 * 3^(1/2)-100 * sin(2 * pi * t/5)).^2+(-1/2 * 602.7+1/2 *
cos(-pi/6) * 120-sin(-pi/6) * 5-100 * cos(2 * pi * t/5)).^2+(1/2 * sin(-pi/6) * 120+cos(-pi/6) * 5+100 *
cos(2 * pi * t/5) * 1/sqrt(3)+512.6).^2);
L2＝sqrt((-100 * sin(2 * pi * t/5)).^2+(602.7-cos(-pi/6) * 120+sin(-pi/6) * (-5-40)-100 * cos(2 * pi
* t/5)).^2+(-sin(-pi/6) * 120-cos(-pi/6) * (-5-40)+1/sqrt(3) * 100 * cos(2 * pi * t/5)+512.6).^2);
L3＝sqrt((-1/2 * 602.7 * 3^(1/2)+1/2 * 120 * 3^(1/2)-100 * sin(2 * pi * t/5)).^2+(-1/2 * 602.7+1/2
* cos(-pi/6) * 120+sin(-pi/6) * (-5-2 40)-100 * cos(2 * pi * t/5)).^2+(1/2 * sin(-pi/6) * 120-cos(-pi/6)
* (-5-2 40)+100 * cos(2 * pi * t/5) * 1/sqrt(3)+512.6).^2);
L4＝sqrt((-1/2 * 752.7 * 3^(1/2)+1/2 * 120 * 3^(1/2)-100 * sin(2 * pi * t/5)).^2+(1/2 * 752.7-1/2 *
cos(-pi/6) * 120+sin(-pi/6) * (-130-3 40-5)-100 * cos(2 * pi * t/5)).^2+(-153.5-1/2 * sin(-pi/6) * 120-
cos(-pi/6) * (-130-3 40-5)+100 * cos(2 * pi * t/5) * 1/sqrt(3)+512.6).^2);
L5＝sqrt((-100 * sin(2 * pi * t/5)).^2+(-752.7+cos(-pi/6) * 120+sin(-pi/6) * (-130-4 40-5)-100 *
cos(2 * pi * t/5)).^2+(-153.5+sin(-pi/6) * 120-cos(-pi/6) * (-130-4 40-5)+100 * cos(2 * pi * t/5) * 1/
sqrt(3)+512.6).^2);
L6＝sqrt((1/2 * 752.7 * 3^(1/2)-1/2 * 120 * 3^(1/2)-100 * sin(2 * pi * t/5)).^2+(1/2 * 752.7-1/2 *
cos(-pi/6) * 120+sin(-pi/6) * (-130-5 40-5)-100 * cos(2 * pi * t/5)).^2+(-153.5-1/2 * sin(-pi/6) * 120-
cos(-pi/6) * (-130-5 40-5)+100 * cos(2 * pi * t/5) * 1/sqrt(3)+512.6).^2);
plot(t,L1,'r',t,L2,'--b',t,L3,'--m',t,L4,'--k',t,L5,'g',t,L6,'--c');
legend('rod1','rod2','rod3','rod4','rod5','rod6');grid on;
xlabel('时间 t/s');ylabel('长度 L/mm');
title('杆长变化曲线');
```

四、运行结果

运行杆长变化主程序 Length _ formula 文件，可求得杆长 L 的通项表达式，从结果中可以看出，杆长 L 是位姿$(X_p, Y_p, Z_p, \alpha, \beta, \gamma)$的函数。将示例中给定的条件代入到所求的杆长表达式中，可求得 6 根杆的杆长变化函数式：

$$L_1=\sqrt{\begin{array}{l}(602.7\times\sqrt{3}/2-60\times\sqrt{3}-100\sin\ (2\pi t/5))^2+(-1/2\times602.7+\sqrt{3}\times30+1/2\times5-100\cos\ (2\pi t/5)\ )^2+\\(-30+\sqrt{3}/2\times5+100\cos\ (2\pi t/5)\ \times1/\sqrt{3}+512.6)^2\end{array}}$$

$$L_2=\sqrt{\begin{array}{l}(100\sin\ (2\pi t/5))^2+(602.7-60\times\sqrt{3}+1/2\times45-100\cos\ (2\pi t/5))^2+(60+\sqrt{3}/2\times45+\\100\cos\ (2\pi t/5)\ \times1/\sqrt{3}+512.6)^2\end{array}}$$

$$L_3=\sqrt{\begin{array}{l}(-\sqrt{3}/2\times602.7+\sqrt{3}\times60-100\sin\ (2\pi t/5)\ )^2+\ (-602.7\times1/2+\sqrt{3}\times30+1/2\times85\\-100\cos\ (2\pi t/5)\ )^2+\ (-30+\sqrt{3}/2\times85+100\cos\ (2\pi t/5)\ \times1/\sqrt{3}+512.6)^2\end{array}}$$

$$L_4=\sqrt{\begin{array}{l}(\sqrt{3}/2\times752.7+\sqrt{3}\times60-100\sin\ (2\pi t/5)\ )^2+\ (1/2\times752.7-\sqrt{3}\times30+1/2\times255-100\cos\ (2\pi t/5))^2+\\(-123.5+\sqrt{3}/2\times255+100\cos\ (2\pi t/5)\ \times1/\sqrt{3}+512.6)^2\end{array}}$$

$$L_5=\sqrt{\begin{array}{c}(-100\sin\ (2\pi t/5))^2+(-752.7+\sqrt{3}\times60+1/2\times295-100\cos\ (2\pi t/5))^2+(-213.5+\\ \sqrt{3}/2\times295+100\cos\ (2\pi t/5)\ \times1/\sqrt{3}+512.6)^2\end{array}}$$

$$L_6=\sqrt{\begin{array}{c}(\sqrt{3}/2\times752.7-\sqrt{3}\times60-100\sin\ (2\pi t/5))^2+\ (1/2\times752.7-\sqrt{3}\times30+1/2\times335-100\cos\ (2\pi t/5))^2+\\ (-123.5+\sqrt{3}/2\times335+100\cos\ (2\pi t/5)\ \times1/\sqrt{3}+512.6)^2\end{array}}$$

运行 Length_Solve 程序，可求得 6 根杆的杆长变化曲线，如图 8-15 所示。

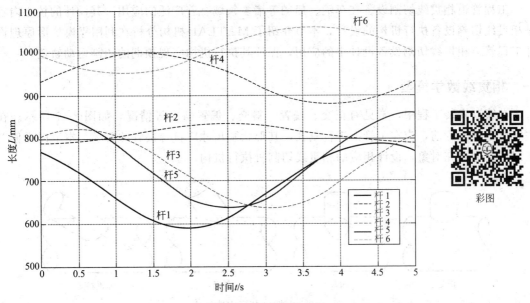

图 8-15　杆长变化曲线

将求得的逆解模型嵌入到并联机床的开放式控制系统 EMC2 中，对其运动学逆解模块进行修改，重新编译，就可以运用数控加工代码进行加工仿真，如图 8-16 所示，这样可为

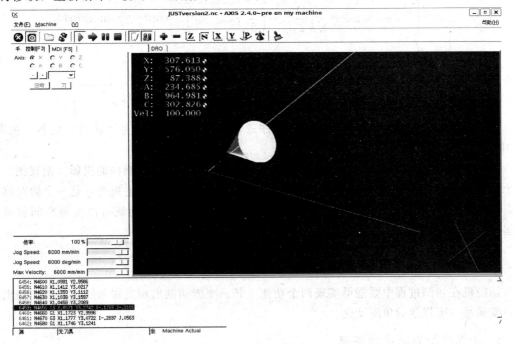

图 8-16　加工轨迹

控制系统的设计和研究提供另一种途径。

第四节　工程管道相贯线切割设备的设计

工程管道相贯线切割设备在车辆、船舶等诸多领域有着广泛的应用。其设计的核心内容是相贯线切割设备执行机构的设计，本节介绍了 MATLAB 机构分析在利用靠模仿形原理设计工程管道相贯线切割设备设计中的应用，保证其执行机构实现预期的切割运动轨迹。

一、相贯线数学模型

在管道安装工程中，常见有正交、偏置、斜交、偏置斜交等情况，如图 8-17 所示。在主管道上接支管前，应在主管上进行割孔，其形状和尺寸应符合接管的要求。本节以无偏置正交情况为研究对象，设计相应的相贯线切割机执行机构。

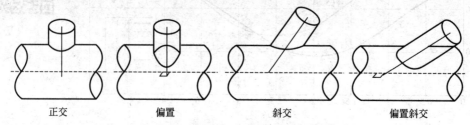

图 8-17　主管、支管连接形式

（正交　　偏置　　斜交　　偏置斜交）

针对上述各种情况，可以建立起相贯线的数学模型，并在直角坐标系中得到相贯线上各点的坐标表达式为：

$$\begin{cases} x = \left[\dfrac{d}{2}\cos\theta\ \sin\omega t - \sqrt{\left(\dfrac{D}{2}\right)^2 - \left(\dfrac{d}{2}\cos\omega t + a\right)^2} \right]\cos\theta + \dfrac{d}{2}\sin\omega t\sin\theta \\[4mm] y = \dfrac{d}{2}\cos\omega t + a \\[4mm] z = \dfrac{d}{2}\sin\omega t\cos\theta - \left[\dfrac{d}{2}\cos\theta\sin\omega t - \sqrt{\left(\dfrac{D}{2}\right)^2 - \left(\dfrac{d}{2}\cos\omega t + a\right)^2} \right] \end{cases} \tag{8-33}$$

根据上述表达式，借助于 MATLAB 程序进行编程求解，可以得到相贯线的各个视图，如图 8-18 所示。

由图 8-18 可以看出，相贯线是一个空间三维曲线，在 XOY 平面内的投影（俯视图）是一个圆，可以通过绕 Z 轴的旋转来实现；在 XOZ 平面内的投影（主视图）是一个轴对称曲线，可以通过 Z 轴的上下移动来实现。通过一个旋转加上一个移动就可以实现空间相贯线的运动轨迹。

二、切割机执行机构方案设计

切割机在切割过程中要能够实现两个功能，其一要能切割出相贯线曲线，其二切割出的坡口要满足一定规律的角度变化。

1. 相贯线切割轨迹的实现

在图 8-19 所示的方案一中，主轴 2 绕轴线旋转，构件 3～6 一同旋转，靠模 7 是固定

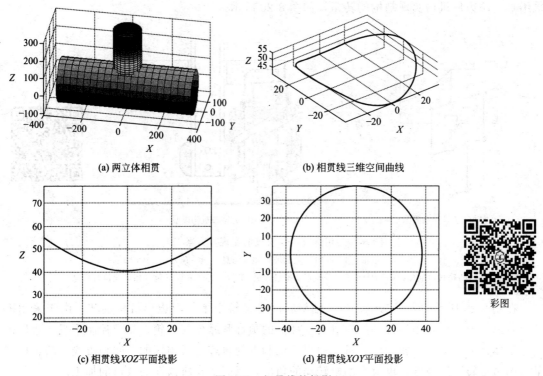

(a) 两立体相贯   (b) 相贯线三维空间曲线

(c) 相贯线XOZ平面投影   (d) 相贯线XOY平面投影

图 8-18 相贯线的投影

的，力封闭弹簧是处于压缩状态，这样由构件 4～6 组成的结构会有向上的趋势，保证推杆顶端的滚轮能始终与靠模接触，依靠靠模实现上下预期的运动要求。

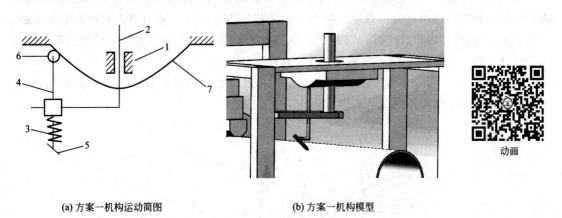

(a) 方案一机构运动简图   (b) 方案一机构模型

图 8-19 相贯线切割轨迹的实现（方案一）

1—机架；2—主轴；3—弹簧；4—推杆；5—割枪；6—滚轮；7—靠模

在这个方案里，相贯线切割轨迹是用一个绕 z 轴的转动和一个沿 z 轴的上下移动来实现的。其切割出的坡口只能是相对于主轴旋转中心成特定的角度，一旦固定下来，在切割过程中就自始至终不再改变。

2. 坡口加工的实现

为了解决上述坡口加工的不足，就需要在原方案的基础上，对割枪再增加一个自由度，使得它可以在割枪与主轴轴线所确定的平面内绕着切割点转动从而加工出所需的坡口。这里采用平行四边形机构实现割枪的转角，如图 8-20 所示。

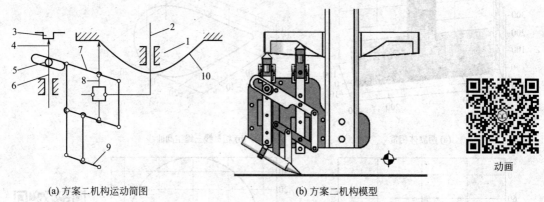

(a) 方案二机构运动简图　　　　　　　　(b) 方案二机构模型

图 8-20　相贯线切割轨迹的实现（方案二）

1—机架；2—主轴；3—凸轮（包含坡口角度信息）；4—顶针；5—小轴承；
6—凸轮直动推杆；7—槽杆；8—靠模直动推杆；9—割枪；10—靠模（包含相贯线位置信息）

　　在图 8-20 所示的方案二中，当主轴旋转时带动整个平行四边形机构旋转，由于采用重锤力封闭使得靠模直动推杆和凸轮直动推杆上的顶针紧靠模与凸轮。靠模控制平行四边形机构的整体移动，结合旋转运动就可以使得割枪割点的轨迹为所预期的空间相贯线；凸轮控制平行四边形转动的角度，也就是割枪转动的角度，就能实现所预期的坡口的加工。

三、机构的设计及运动学分析

　　如图 8-21 所示，切割机执行机构由靠模推杆机构、凸轮推杆机构和平行四边形机构组成。靠模控制平行四边形机构移动，K 点（空间相贯线点）与 L 点（割点）距离是不变的，在保证 K 点的轨迹为相贯线时，则 L 点的轨迹也为相贯线，这里利用了平行四边形对边相等的特性；凸轮控制平行四边形转动，AC 直线和 HL 直线平行，H 点随 J 点上下移动，AC 直线与 XOY 平面的夹角为 θ，控制坡口切割角度，这里利用了平行四边形对边平行的特性，下面建立数学模型以确定各点的坐标。

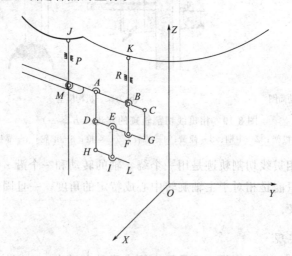

图 8-21　平行四边形机构运动学分析图

1. A 点的坐标

要求出各点的坐标，首先要确定出 A 点的坐标。K 点的坐标是已知坐标，它就是空间相贯线上的点，那么 B 点和 L 点的空间坐标即可求得，只是 Z 轴偏移一定的杆长。

设 A (x_a, y_a, z_a)，B (x_b, y_b, z_b)，则空间直线 AB 的方程为：

$$\frac{x-x_b}{m} = \frac{y-y_b}{n} = \frac{z-z_b}{p} \tag{8-34}$$

式中 (m, n, p) 为方向向量，且 $(m, n, p) = (x_a-x_b, y_a-y_b, z_a-z_b)$。

由给定的条件：①AB 距离为 l_{AB}；②空间直线 AB 过 Z 轴；③空间直线 AB 与 XOY 平面成 θ 角。可列出下面方程组：

$$\begin{cases} (x_a-x_b)^2 + (y_a-y_b)^2 + (z_a-z_b)^2 = l_{AB}{}^2 \\ \dfrac{x_b}{x_a-x_b} = \dfrac{y_b}{y_a-y_b} \\ \sin\theta = \dfrac{z_a-z_b}{l_{AB}} \end{cases} \tag{8-35}$$

解得：

当 $y_b > 0$

$$\begin{cases} x_a = x_b + \dfrac{x_b l_{AB} \cos\theta}{y_b \sqrt{\left(\dfrac{x_b}{y_b}\right)^2 + 1}} \\ y_a = y_b + \dfrac{l_{AB} \cos\theta}{\sqrt{\left(\dfrac{x_b}{y_b}\right)^2 + 1}} \\ z_a = l_{AB} \sin\theta + z_b \end{cases} \tag{8-36}$$

当 $y_b < 0$

$$\begin{cases} x_a = x_b - \dfrac{x_b l_{AB} \cos\theta}{y_b \sqrt{\left(\dfrac{x_b}{y_b}\right)^2 + 1}} \\ y_a = y_b - \dfrac{l_{AB} \cos\theta}{\sqrt{\left(\dfrac{x_b}{y_b}\right)^2 + 1}} \\ z_a = l_{AB} \sin\theta + z_b \end{cases} \tag{8-37}$$

这样求得了 A 点坐标 (x_a, y_a, z_a)。要对机构进行运动学仿真，就要求出机构各个铰链位置的点坐标。在已经求得 A 点与 B 点坐标后，接下来求解 C 点与 M 点的坐标。

2. C 点的坐标

C 点满足两个位置条件：①C 点在直线 AB 上；②C 点与 B 点之间距离为 15mm。可列方程组：

$$\begin{cases} \dfrac{x_c-x_b}{m} = \dfrac{y_c-y_b}{n} = \dfrac{z_c-z_b}{p} \\ (x_c-x_b)^2 + (y_c-y_b)^2 + (z_c-z_b)^2 = l_{BC}{}^2 \end{cases} \tag{8-38}$$

即：
$$\begin{cases} \dfrac{x_c - x_b}{x_a - x_b} = \dfrac{y_c - y_b}{y_a - y_b} \\[3mm] \dfrac{x_c - x_b}{x_a - x_b} = \dfrac{z_c - z_b}{z_a - z_b} \\[3mm] (x_c - x_b)^2 + (y_c - y_b)^2 + (z_c - z_b)^2 = 15^2 \end{cases} \qquad (8\text{-}39)$$

在计算过程中，需要注意开根正负号问题，解得：

$$\begin{cases} x_c = \dfrac{8}{5} x_b - \dfrac{3}{5} x_a \\[3mm] y_c = \dfrac{8}{5} y_b - \dfrac{3}{5} y_a \\[3mm] z_c = \dfrac{8}{5} z_b - \dfrac{3}{5} z_a \end{cases} \qquad (8\text{-}40)$$

则 C 点坐标为 $\left(\dfrac{8}{5} x_b - \dfrac{3}{5} x_a, \ \dfrac{8}{5} y_b - \dfrac{3}{5}, \ \dfrac{8}{5} z_b - \dfrac{3}{5} z_a \right)$

3. M 点的坐标

M 点满足两个位置条件：① M 点在直线 AB 上；② JM 直线与 KB 直线之间的距离为 30mm。可列方程组：

$$\begin{cases} \dfrac{x_m - x_b}{m} = \dfrac{y_m - y_b}{n} = \dfrac{z_m - z_b}{p} \\[3mm] (x_m - x_b)^2 + (y_m - y_b)^2 = 30^2 \end{cases} \qquad (8\text{-}41)$$

即：
$$\begin{cases} \dfrac{x_m - x_b}{x_a - x_b} = \dfrac{y_m - y_b}{y_a - y_b} \\[3mm] \dfrac{x_m - x_b}{x_a - x_b} = \dfrac{z_m - z_b}{z_a - z_b} \\[3mm] (x_m - x_b)^2 + (y_m - y_b)^2 = 30^2 \end{cases} \qquad (8\text{-}42)$$

解得：

$$\begin{cases} x_m = \dfrac{30 (x_a - x_b)}{\sqrt{(x_a - x_b)^2 + (y_a - y_b)^2}} + x_b \\[4mm] y_m = \dfrac{30 (y_a - y_b)}{\sqrt{(x_a - x_b)^2 + (y_a - y_b)^2}} + y_b \\[4mm] z_m = \dfrac{30 (z_a - z_b)}{\sqrt{(x_a - x_b)^2 + (y_a - y_b)^2}} + z_b \end{cases} \qquad (8\text{-}43)$$

则点 M 坐标为

$$\left(\dfrac{30 (x_a - x_b)}{\sqrt{(x_a - x_b)^2 + (y_a - y_b)^2}} + x_b, \ \dfrac{30 (y_a - y_b)}{\sqrt{(x_a - x_b)^2 + (y_a - y_b)^2}} + y_b, \right.$$
$$\left. \dfrac{30 (z_a - z_b)}{\sqrt{(x_a - x_b)^2 + (y_a - y_b)^2}} + z_b \right)$$

这样其他各点的坐标只要改变 Z 轴数值皆可求出来了，具体见下面程序。其中 J 点和 K 点是与凸轮和靠模的设计紧密相关的点。

四、应用实例及程序设计

坡口的倾角用 θ 表示，数值取为函数 $\theta = 7.5\cos(2\alpha) + 37.5$，式中 α 是主轴转过的角度。随着主轴的旋转，θ 的数值呈周期变化，其最大数值为 45°，最小数值为 30°，以此来模拟坡口的变化。其运动仿真程序为：

机构运动仿真程序 pipe _ cutting _ simulation 文件

＊＊＊＊＊＊＊＊＊＊＊＊＊＊＊＊＊＊＊＊＊＊＊＊＊＊＊＊＊＊＊＊＊＊＊＊＊＊

```
%1. 输入已知参数
d=75;D=110;%支管和主管尺寸
theta=90 * pi/180;a=0;%无偏置正交
lAC=50;lAH=60;lJM=26;lKB=53;lAD=lAH/2;lAB=lAC/2
theta1=60;theta2=30;%靠模板倾斜角变化角度 1 和角度 2

%2. 执行机构运动仿真
figure(1)
m=moviein(20)
j=0
for t=0:pi/30:2 * pi;
    j=j+1;
    n2=((theta1-theta2)/2 * sin(2 * t)+(theta1+theta2)/2) * pi/180;
    clf;
    %-----------------求 ji 机构上各点的坐标----------------------
    %求 B 点坐标

xb=(cos(theta) * (d/2) * sin(t)-sqrt((D/2).^2-((d/2) * cos(t)+a).^2)) * cot(theta)+(d/2) * sin(t) * sin
(theta);
    yb=(d/2) * cos(t)+a;
    zb=(d/2) * sin(t) * cos(theta)-(cos(theta) * (d/2) * sin(t)-sqrt((D/2).^2-((d/2) * cos(t)+a).^2));
    %求 A 点坐标在计算过程中有正负的情况
    k=0
    if   yb<0
        k=1;
    else
        k=2;
    end
    xa=(-1)^k * xb * lAB * cos(n2)/(yb * sqrt(1+(xb/yb)^2))+xb;%yb 不能为零
    ya=(-1)^k * lAB * cos(n2)/sqrt(1+(xb/yb)^2)+yb;
    za=lAB * sin(n2)+zb;
    %求 M 点坐标
    xm=30 * (xa-xb)/(sqrt((xa-xb)^2+(ya-yb)^2))+xb;
    ym=30 * (ya-yb)/(sqrt((xa-xb)^2+(ya-yb)^2))+yb;
    zm=30 * (za-zb)/(sqrt((xa-xb)^2+(ya-yb)^2))+zb;
    %求 C 点坐标
```

```
xc＝8/5＊xb-3/5＊xa;yc＝8/5＊yb-3/5＊ya;zc＝8/5＊zb-3/5＊za;
%求 J 点坐标
xj＝xm;yj＝ym;zj＝zm+lJM;
%求 K 点坐标
xk＝xb;yk＝yb;zk＝zb+lKB;
%求 G 点坐标
xg＝xc;yg＝yc;zg＝zc-lAD;
%求 D 点坐标
xd＝xa;yd＝ya;zd＝za-lAD;
%求 H 点坐标
xh＝xa;yh＝ya;zh＝za-lAH;
%求 F 点坐标
xf＝xb;yf＝yb;zf＝zb-lAD;
%求 L 点坐标
xl＝xb;yl＝yb;zl＝zb-lAH;
%E 点坐标
xe＝(xd＋xf)/2;ye＝(yd＋yf)/2;ze＝(zd＋zf)/2;
%求 I 点坐标
xi＝xe;yi＝ye;zi＝ze-lAD;


%------------------将所求 J 点和 K 点坐标存入数组------------------
xxxj(j)＝xj;yyyj(j)＝yj;zzzj(j)＝zj;
xxxk(j)＝xk;yyyk(j)＝yk;zzzk(j)＝zk;


%------------------绘制机构图形--------------------
plot3([0  0],[0  0],[-100 100]);hold  on;grid  on;%  轴线
plot3([xa  xc],[ya  yc],[za  zc]);%  AC
plot3([xa  xh],[ya  yh],[za  zh]);%  AH
plot3([xd  xg],[yd  yg],[zd  zg]);%  DG
plot3([xh  xl],[yh  yl],[zh  zl]);%  HL
plot3([xb  xf],[yb  yf],[zb  zf]);%  BF
plot3([xc  xg],[yc  yg],[zc  zg]);%  CG
plot3([xe  xi],[ye  yi],[ze  zi]);%  EI
plot3([xa  xm],[ya  ym],[za  zm]);%  AM
plot3([xj  xm],[yj  ym],[zj  zm]);%  JM
plot3([xk  xb],[yk  yb],[zk  zb]);%  KB


%-------------绘制各铰链点-------------
plot3(xa,ya,za,'.');plot3(xb,yb,zb,'.');plot3(xc,yc,zc,'.');
plot3(xd,yd,zd,'.');plot3(xe,ye,ze,'.');plot3(xf,yf,zf,'.');
plot3(xg,yg,zg,'.');plot3(xh,yh,zh,'.');plot3(xi,yi,zi,'.');
plot3(xm,ym,zm,'.');plot3(xj,yj,zj,'.');plot3(xk,yk,zk,'.');
axis([-40  80  -40  80  0  120]);
xlabel('x'),ylabel('y'),zlabel('z');


%-------------绘制 J 点和 K 点轨迹-------------
```

```
        plot3(xxxj,yyyj,zzzj,′r′);%J 点的轨迹
        plot3(xxxk,yyyk,zzzk,′g′);%K 点的轨迹
        m(j)=getframe
    end
    movie(m)
```

五、运行结果

运行程序 pipe_cutting_simulation，可以实现执行机构运动仿真，直观了解凸轮上 J 点和靠模上 K 点的空间轨迹曲线，如图 8-22 所示。

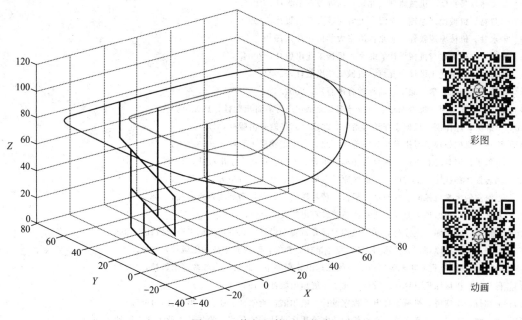

图 8-22　执行机构运动仿真

依据凸轮推杆顶尖点 J 和靠模推杆定点 K 的空间轨迹曲线设计凸轮和靠模，以此为基础完成执行机构的设计，最终制作出实物模型，如图 8-23 所示。

(a) 执行机构模型　　　　　　　　(b) 实物模型

图 8-23　管道切割机实物模型

参考文献

[1] 李滨城，徐超编著．机械原理 MATLAB 辅助分析．北京：化学工业出版社，2011.

[2] 孙恒，陈作模，葛文杰主编．机械原理．第 8 版．北京：高等教育出版社，2013.

[3] 郑文纬，吴克坚．机械原理．北京：高等教育出版社，1997.

[4] 邹慧君．机械设计原理．上海：上海交通大学出版社，1995.

[5] 申永胜．机械原理教程．北京：清华大学出版社，1999.

[6] 张策．机械原理与机械设计．北京：机械工业出版社，2004.

[7] 孙靖民．机械优化设计．北京：机械工业出版社，2004.

[8] 张策．机械动力学．北京：高等教育出版社，2002.

[9] 郑文纬，郑星河．机械原理学习指导书．北京：高等教育出版社，1992.

[10] 李继庆，陈作模．机械原理学习指南．北京：高等教育出版社，1998.

[11] 徐超．机械原理学习指导与解题范例．北京：中国物资出版社，2003.

[12] 董师予，邹慧君．机械原理复习和解题指导．上海：同济大学出版社，1988.

[13] 张志强，孙江宏，王雪雁等．机械原理考研指导．北京：清华大学出版社，2004.

[14] 上海交通大学机械原理教研室．机械原理习题集．北京：高等教育出版社，1985.

[15] 葛文杰．机械原理作业集．北京：高等教育出版社，1996.

[16] 郑镕之，李德锡，洪淳赫．常用机构的计算机辅助设计．北京：机械工业出版社，1990.

[17] 冯润泽．机械原理解题技巧与 CAD 程序设计．西安：陕西科学技术出版社，1989.

[18] 《机械原理电算程序集》编写组．机械原理电算程序集．北京：高等教育出版社，1987.

[19] 杨兰生．机械原理电算程序设计．北京：展望出版社，1986.

[20] 王知行，李瑰贤．机械原理电算程序设计．哈尔滨：哈尔滨工业大学出版社，1985.

[21] 姚立刚，王景昌，栾庆德．常见机构的电算程序设计．哈尔滨：哈尔滨工业大学出版社，1999.

[22] 彭芳麟．理论力学计算机模拟．北京：清华大学出版社，2002.

[23] 曲秀全．基于 MATLAB/Simulink 平面连杆机构的动态仿真．哈尔滨：哈尔滨工业大学出版社，2007.

[24] 郭仁生．基于 MATLAB 和 Pro/ENGINEER 优化设计实例解析．北京：机械工业出版社，2007.

[25] 郭仁生．机械工程设计分析和 MATLAB 应用．北京：机械工业出版社，2008.

[26] 王明强，朱永梅．机械设计综合训练．第 3 版．北京：科学出版社，2016.

[27] 褚洪生，杜增吉，阎金华．MATLAB 7.2 优化设计实例指导教程．北京：机械工业出版社，2006.

[28] （美）约翰．F. 加得纳著．机构动态仿真——使用 MATLAB 和 SIMULINK．周进雄等译．西安：西安交通大学出版社，2002.

[29] 《机床设计手册》编写组．机床设计手册．北京：机械工业出版社，1997.

[30] 朱家成等．管道自动坡口机的研究与设计．机械设计与制造，2013（4）.

[31] 杨启佳，徐承妍，李滨城．基于 MATLAB/SIMULINK 的插床导杆机构运动学和动力学分析．煤矿机械，2011（2）.

[32] 李滨城，杨丹，顾金凤等．基于 MATLAB 和 ADAMS 的六自由度并联运动机床运动学仿真 [J]．组合机床与自动化技术，2009（11）.